LA VÉRITÉ ABSOLUE ET LES VÉRITÉS RELATIVES

SOLUTION DES PROBLÈMES DE LA RADIO-ACTIVITÉ ET DE L'ÉLECTRICITÉ

MÉMOIRE

PRÉSENTÉ AU CONGRÈS INTERNATIONAL DE RADIOLOGIE ET D'ÉLECTRICITÉ
A BRUXELLES, SEPTEMBRE 1910

PAR LE

Dr J.-Henri ZIEGLER
de Winterthur.

GENÈVE
IMPRIMERIE ALBERT KÜNDIG, VIEUX-COLLÈGE, 4
—
1910

Ouvrages du même auteur.

Die universelle Weltformel und ihre Bedeutung für die wahre Erkenntnis aller Dinge. 1. Vortrag, Kommissionsverlag Art. Inst. Orell Füssli, Zürich, 1902. Fr. 1.50.

Die universelle Weltformel etc. 2. Vrtrag, Kommissionsverlag Art. Inst. Orell Füssli, Zürich, 1903. Fr. 1.50.

Die wahre Einheit von Religion und Wissenschaft, 4 Vorträge. 1. Ueber die wahre Bedeutung des Begriffes Natur. 2. Ueber das wahre Wesen der sogenannten Schwerkraft. 3. Ueber das wahre System der chemischen Elemente. 4. Ueber den Sonnengott von Sippar. Kommissionsverlag Art. Inst. Orell Füssli, Zürich, 1904. Fr. 5.—.

Ueber die wahre Ursache der hellen Lichtstrahlung des Radiums. Kommissionsverlag Art. Inst. Orell Füssli, Zürich, 1904. Fr. 1.50.

Konstitution und Komplementät der Elemente. Verlag von A. Franke, Bern, 1906. Fr. 2.50.

Die Struktur der Materie und das Welträtsel. Kommissionsverlag von R. Friedländer & Sohn, Berlin, 1908.

LA

VÉRITÉ ABSOLUE

ET LES

VÉRITÉS RELATIVES

SOLUTION
DES PROBLÈMES DE LA RADIO-ACTIVITÉ
ET DE L'ÉLECTRICITÉ

MÉMOIRE

PRÉSENTÉ AU CONGRÈS INTERNATIONAL DE RADIOLOGIE ET D'ÉLECTRICITÉ

A BRUXELLES, SEPTEMBRE 1910

PAR LE

Dr J.-Henri ZIEGLER

de Winterthur.

GENÈVE
IMPRIMERIE ALBERT KÜNDIG, VIEUX-COLLÈGE, 4
1910

Le second Congrès International de Radiologie et d'Electricité a été convoqué, comme le dit déjà son nom, pour étudier les deux problèmes qui occupent et préoccupent la science depuis une dizaine d'années de plus en plus, parce qu'elle sent très bien, que leur solution va dissiper les dernières obscurités qui nous empêchent de voir comment les choses sont en réalité, et comment elles se transforment en réalité. Tout le monde sent vivement que la véritable explication des phénomènes dits radioactifs et électriques, ne signifie pas autre chose que la solution de l'énigme du monde et qu'elle nous fournirait la clef universelle pour résoudre toutes les autres énigmes. L'étude de ces deux problèmes est donc d'un intérêt universel et international.

La méthode, dont la science s'est servie jusqu'alors pour les étudier, est celle de l'induction. C'est la méthode générale de la science expérimentale. Elle tend à établir la vérité scientifique, c'est-à-dire l'unité entre notre imagination et les faits, en vérifiant, au moyen d'expériences scientifiques, les différentes hypothèses qu'elle est obligée de faire, tant qu'elle ignore la vérité absolue.

Ce n'est que la connaissance exacte de cette vérité qui nous permettrait d'établir une science vraiment sûre et exacte. On a donc donné à tort le nom de science exacte à la science expérimentale. Car les hypothèses sur lesquelles elle est basée n'ont point le caractère de certitudes, mais ne sont que des présuppositions plus ou moins vraisemblables et arbitraires. Toutefois on considère généralement la méthode expérimentale comme la seule réellement rationnelle. C'est une erreur capitale. Elle n'est évidemment qu'une méthode pratique au point de vue de nos besoins matériels. Les expériences pratiques nous conduisent plus vite à des résultats pratiques dans le sens ordinaire du mot, c'est-à-dire à des résultats immédiatement utilisables dans l'économie de la vie matérielle. Mais pas au point de vue de l'économie de la vie intellectuelle.

Un des premiers physiciens de notre époque a très bien compris cet état de choses. Boltzmann a dit : « La théorie est ce qu'il y a de plus pratique, c'est même la quintessence de la pratique ». On pourrait compléter ce mot en y ajoutant que la quintessence de la théorie, c'est la vérité absolue. Et la conclusion qui s'impose est qu'une théorie qui n'est pas fondée sur la vérité absolue ne peut prétendre être pratique. Il en résulte comme conséquence que toute la science actuelle n'est pas pratique du tout, puisque personne ne s'y préoccupe de la recherche de la vérité absolue. Changer de méthode s'impose donc comme une nécessité pratique.

Il serait évidemment imprudent de vouloir abandonner complètement la méthode à laquelle nous devons tant de belles découvertes. Et il serait même impossible de le faire. Mais ce qui me semble être urgent, c'est de déterminer une fois la vérité absolue, pour pouvoir se passer de toutes les hypothèses et pour se créer une base uniforme, solide et inébranlable pour toute déduction.

Pour bien reconnaître la vraie méthode scientifique, il

faut avant tout se rendre compte que l'expérience et la raison constituent une opposition directe. L'expérience commence avec la masse des différentes impressions, que nous avons des différentes choses, qui constituent le monde extérieur, et qu'elle tâche ensuite de ramener par une dissolution graduelle autant que possible vers leur unité simple, générale et cachée. La raison, par contre, commence toujours par les choses simples et faciles à comprendre, pour aller de là aux choses spéciales, complexes et difficiles à comprendre. L'expérience suit le chemin de l'analyse, la raison celui de la synthèse. L'une va vers les généralités, l'autre vers les spécialités. La raison complique et différencie le simple, qu'elle connaît, l'expérience s'efforce d'expliquer et de simplifier le complexe, qu'elle connaît aussi, mais cela seulement par expérience et non pas par raison. Ces deux connaissances sont tout à fait opposées; chacune d'elle est ignorance par rapport à l'autre.

La raison scientifique exige donc que l'explication du monde commence par la connaissance de la simplicité absolue, saisissable pour elle sans la moindre difficulté, mais complètement insaisissable aux sens extérieurs; et qu'elle la différencie ensuite graduellement, en la compliquant tout en la divisant en des parties de plus en plus complexes, jusqu'à ce qu'elle ait réussi finalement à reconstruire ainsi les différentes choses que les sens extérieurs saisissent d'emblée.

Déduire de cette simplicité absolue et cachée l'apparition totale, telle qu'elle nous apparaît sous ses formes multiples, ou, en d'autres termes, faire dériver les innombrables apparences variées et variables de l'unité invariable elle-même, constitue la seule méthode vraiment rationnelle pour établir une science certaine. La méthode inverse, au contraire, soit l'induction expérimentale de la seule vérité de la raison à partir des différentes vérités de l'expérience, ou, ce qui revient au même : la déduction de la vérité de raison, complètement insaisissable à l'expérience des sens, de ses apparitions diverses par le seul moyen de l'expérience, représente évidemment la méthode irrationnelle.

Or, si l'on considère les efforts inouïs mais infructueux, qu'on a déjà fait pour expliquer les phénomènes électriques et radio-actifs, on trouve que c'est exclusivement de cette méthode qu'on s'est servie, méthode réputée être la seule exacte et rationnelle. C'est pourquoi il n'est point étonnant, qu'aucune des explications de la physique ne soit encore satisfaisante. Toutes, sans aucune exception, sont encore hypothétiques et incertaines. Il en est ainsi de l'explication des couleurs et du son, des gaz, des liquides et des solides. Personne ne nous a jamais dit ce qu'il faut se figurer par ces choses. Aussi ignorons-nous la vraie différence entre l'apparition d'une force invisible et celle d'un corps visible et tangible. Nous ne les connaissons que par expérience et nous n'avons encore rien fait que d'enregistrer des faits non expliqués.

On me répondra peut-être, qu'il serait injuste de se plaindre de cet état de choses, et que la science représente aujourd'hui un édifice magnifique, où l'on se trouve pour le mieux. Et d'autre part on me fera la remarque, que c'est avant tout la modestie qui sied à l'homme, et que nous, pauvres humains, n'avions pas le droit d'aspirer à saisir l'Immortel, et qu'il n'était réservé qu'à Lui de comprendre réellement le monde.

Mais tout cela ne sont que de pures phrases, et il faut

tenir compte du fait que la science fait constamment des progrès, ce qui prouve qu'elle tend de toutes ses forces à la perfection. Et quant à la modestie, elle est excellente quand elle est à sa place, mais blâmable quand elle n'y est pas. La vraie modestie scientifique veut que nous ne donnions des explications que si nous sommes bien sûrs de notre affaire. Elle est donc essentiellement une affaire de conscience. Et comme la conscience ordonne avant tout de rechercher et de propager la vérité, ce ne peut jamais être un manque de modestie de travailler dans ce sens. Et qui devrait le faire si les hommes ne le faisaient pas. L'humanité est le couronnement du monde, et il n'y a qu'elle qui puisse le comprendre. Quelle fausse modestie ne serait-ce donc pas si elle voulait y renoncer. Ce serait même manquer à son devoir. Noblesse oblige! Et quiconque irait le lui déconseiller, serait selon mon opinion « either a fool or a knave ».

Je vais donc tâcher d'expliquer dans cet ouvrage, à ma façon, d'abord ce qu'est la vérité absolue, et ensuite, ce que sont l'électricité et la radio-activité, quoique mes explications contredisent les grandes autorités de la physique actuelle. Je serai même obligé d'attaquer leurs opinions et de démontrer qu'elles sont fausses, sans quoi il serait impossible de frayer le chemin aux nouvelles vérités. C'est avant tout l'explication du phénomène de la radio-activité, donnée par Rutherford, et que j'ai déjà attaquée au premier Congrès de Radiographie et d'Ionisation, mais qui a été acceptée néanmoins par la plupart des physiciens, que je me suis proposé d'éliminer de la science. La théorie de Rutherford explique les rayonnements des corps, comme on sait, par une désintégration ou une dématérialisation de la matière. Elle est un des fruits de la méthode irrationnelle de l'induction expérimentale, et repose entièrement sur des présuppositions les plus contradictoires et les plus arbitraires. Son caractère est donc entièrement celui de l'agnosticisme, qui règne encore toujours en souverain, autant en physique qu'en chimie. C'est pourquoi la théorie de Rutherford n'a pour moi rien de personnel, et si je me sens obligé de l'attaquer, il m'est plutôt pénible de mentionner le nom du grand savant qu'elle porte.

Chacun subit l'influence de son temps. A ce point de vue aussi, les fausses théories deviennent excusables. Et celle de Rutherford n'aurait jamais eu un succès si retentissant, si elle n'avait pas été une théorie agnostique. C'est ce qui lui a valu l'approbation de tous les grands maîtres de physique et de chimie, comme les Becquerel et les Currie, les Ramsay, les Soddy, les Arrhénius, etc., qui, étant des agnosticistes eux-mêmes, l'ont accueillie comme un grand succès scientifique et couronnée avec un prix Nobel.

J'étais le seul qui eût osé l'attaquer et lui substituer une théorie gnostique, c'est-à-dire une théorie reposant sur la notion exacte de la simplicité absolue. Cette théorie a eu un succès passager au premier Congrès international de Radiographie, à Liège, en 1905, mais le comité de publication a jugé à propos de supprimer le résumé de ma communication dans les Comptes rendus du Congrès, ce qui a empêché qu'elle fût connue plus généralement. Il n'y avait que le journal liégeois *La Meuse*, qui en eût pris note dans son numéro du 18 septembre 1905.

La théorie de Rutherford.

La théorie de Rutherford est basée sur une hypothèse très étrange et pleine de contradictions. Elle présuppose que la chose absolue, la masse, ne peut pas dépasser un certain degré de condensation, c'est-à-dire de densité. Une telle supposition pourrait être fort raisonnable, parce qu'il est certain que toute chose a ses limites, et qu'il n'y a donc aucune raison pour supposer que la condensation de la masse n'en ait point. Il est au contraire certain que le mot latin : *sunt certe denique fines*, s'applique aussi à la condensation de la matière. Mais ce qui est caractéristique pour la théorie de Rutherford, c'est que sa limite de densité dans l'agrégation de la masse n'est rien de certain ou de déterminé. Cette limite est au contraire quelque chose de très vague et incertain, comme le sont nécessairement toutes les conclusions tirées de présuppositions vagues et arbitraires, et non pas certaines et nécessaires.

Nous allons voir, plus loin, que cette limite est très facile à fixer, si on prend comme argument la vérité absolue clairement définie. Mais M. Rutherford tire ses arguments, sans les approfondir d'abord, tout simplement d'une observation superficielle de faits généraux, c'est-à-dire de l'apparence superficielle des choses. Sans se rendre compte du vrai caractère de la masse, c'est-à-dire de ses particules, les atomes absolus, il argumente hardiment sur sa densité, prétendant que si un certain degré de celle-ci était atteint, la masse sentirait le besoin de se désintégrer spontanément, c'est-à-dire volontairement.

Or, la spontanéité et la volonté présupposent des unités aussi complexes que les hommes et n'ont donc rien à faire avec la masse, qui est la simplicité absolue. Parler d'une désintégration spontanée de la masse ou des éléments chimiques est donc un acte volontaire lui-même et signifie le sacrifice arbitraire du principe le plus sacré en science, qui est celui de la logique. Car il n'y a qu'elle qui puisse nous donner la conviction ou la certitude scientifique.

La logique se compose de deux choses contraires : de la suite régulière des pensées et de leur nécessité, qui signifie l'horreur des contradictions ou des contre-sens. La logique est ainsi absolument conforme avec la nature, où règnent aussi la conséquence et la nécessité. Toute pensée qui n'est pas logique n'est donc ni naturelle ni scientifique. C'est pourquoi je pense qu'il faut abandonner la théorie de la désintégration spontanée de la masse, et la déposer, avec tous les honneurs qui lui sont dus, au musée des grandes merveilles de la science agnostique.

En effet, croire que la radio-activité provienne d'explosions spontanées d'éléments chimiques, et que ces explosions durent, pour des quantités relativement très petites, des laps de temps relativement très longs, c'est-à-dire, pour des milligrammes d'éléments chimiques, des miliers d'années, cela surpasse les forces du plus crédule. Et il n'y en a certainement pas d'autre qui puisse rivaliser avec elle en ce sens que la théorie qui est la condition nécessaire de sa possibilité, c'est l'agnosticisme lui-même. C'est pourquoi je propose de l'enterrer en même temps, d'une nouvelle science, c'est-à-dire de la science gnostique, pour fêter ensuite, sur la tombe commune, l'avènement qui n'est plus une contradiction *in adjecto* comme la science agnostique.

Causes de l'agnosticisme.

Si l'on se demande, quelque soit la cause, pourquoi on n'a pas déterminé depuis longtemps le fond général et simple du tout, et pourquoi on a négligé ainsi de donner une base solide à la science, la réponse n'est pas trop difficile. C'est évidemment parce que les hommes sont en général trop préoccupés des besoins urgents de la vie pour avoir encore le temps d'approfondir complètement tout ce qui agit sur eux. Ils se contentent, pour la plupart, du strict nécessaire. C'est ce qui est aussi le cas dans la science. On y est forcé de se spécialiser. La plupart des savants sont ainsi absorbés par leurs intérêts particuliers, et il n'y a que les philosophes, dont la spécialité comprend les généralités, qui ont tout le temps de s'en occuper. Mais cette spécialité a ses grands dangers. Un homme qui ne s'occupe que des généralités se perd souvent en elles. Il perd l'habitude du concret et des devoirs pressants, et devient vague comme les généralités qui l'absorbent. C'est ce qui arrive en général avec les philosophes. La plupart en sont devenus si vagues qu'ils ont oublié complètement de déterminer les grandes généralités.

Mais cette raison n'expliquerait pas encore suffisamment notre ignorance des choses générales, car le besoin de les connaître se fait trop souvent sentir pour admettre une indifférence complète vis-à-vis d'elles. On verra plus loin que les grandes énigmes du monde n'ont pas été ignorées de tous les temps. Nous avons au contraire des preuves certaines que les grands initiés de l'antique science les avaient connues. La haute antiquité les avait donc résolues, mais la solution en a été perdue plus tard. Et ce qui a contribué le plus à cette perte, c'est que cette science a été secrète et dissimulée au peuple. La science des grandes vérités a été autrefois le privilège de peu de personnes, et ainsi on comprend aisément qu'elle ait pu disparaître dans les grandes catastrophes de guerres, et ce qui en restait ne suffisait plus pour la reconstruire entièrement. Et l'Église catholique, qui héritait des aspirations de domination mondiale des grands peuples de l'antiquité, n'avait aucun intérêt à cette reconstruction, parce qu'elle aurait été pernicieuse pour les dogmes sur lesquels elle repose. Il était donc dans son intérêt d'assurer la perte complète de la vieille sagesse et d'en détruire tous les restes. Elle le fit consciencieusement. Jamais elle n'a enseigné la vérité absolue. Mais aussi cette raison est encore insuffisante pour expliquer l'absence totale d'une science gnostique, c'est-à-dire d'une vraie science au lieu d'une vraie nescience. Aucune puissance humaine n'est assez forte pour supprimer à la longue le besoin de vérité de l'humanité. Il nous faut donc encore une autre raison. Cette raison suprême, nous la trouvons dans la croyance générale que le fond absolu des choses est éternellement caché à l'esprit humain. C'est, pour ainsi dire, le premier dogme de la sagesse moderne. Mais quiconque n'est pas prévenu voit clairement que ce n'est là qu'une suggestion sotte, c'est-à-dire une sottise de tout premier ordre. Car les choses deviennent évidemment toujours plus simples en devenant plus générales, et la plus grande généralité est donc, par conséquent, la plus grande simplicité et la chose la plus facile à comprendre. Là-dessus aucun doute n'est possible. Cette suggestion provient donc forcément d'une grande erreur. J'ai pris la peine de remonter à sa source, et je l'ai trouvée chez la plus grande autorité philosophique du dernier siècle. C'est le philosophe allemand Kant, qui croyait avoir prouvé que la chose la plus simple est la plus difficile à comprendre, et qui croyait avoir rendu, par cette découverte, un service formidable à la science. La preuve de cette affirmation se trouve dans son fameux livre : « Critique de la raison pure », et consiste dans ses fameuses antinomies. Ces antinomies ne sont que des contradictions absolues et n'ont, pour cette raison, pas de sens. Chaque thèse détruit l'antithèse, et vice versa. C'est pourquoi il est évident que l'une ou l'autre doit être fausse. Mais ce qui est phénoménal, c'est que Kant s'efforce de prouver que les deux sont justes. Il ne se rend pas compte que chaque thèse et antithèse représente nécessairement une comparaison à part, et que chaque comparaison ne peut donner qu'un seul résultat, c'est-à-dire amener à un seul jugement, tandis que deux différentes comparaisons doivent donner deux résultats différents, et deux comparaisons directement opposées deux jugements directement opposés. Cela se comprend de soi, mais Kant ne s'en soucie pas. Il confond, avec une insouciance digne d'un grand philosophe, le nombre un avec le nombre deux. C'est la pièce de résistance de la philosophie allemande. Pour l'apprêter, Kant prouve une de ses thèses consciencieusement, c'est-à-dire en gardant le point de vue auquel elle est posée, tandis que la preuve de l'autre ressemble à un *salto mortale,* où il change inconsciemment, dès le commencement, son premier point de vue, pour le reprendre de la même façon quand il l'a finie. Ainsi Kant prouve que le monde a quelque part un commencement et une fin, et, au même point de vue, qu'il n'a ni commencement ni fin. Ensuite, il nous démontre que le monde n'est composé partout que de particules simples et, à côté, il nous prouve que le monde n'est composé que de particules complexes. C'est stupéfiant! Et Kant lui-même en fut stupéfait à ce point qu'il conclut, que parce qu'il avait prouvé que deux jugements opposés sur la même chose et au même point de vue étaient également justes, que jamais, et sous aucune condition, l'esprit humain serait à même de se faire une opinion définitive sur la chose la plus simple. Mais ce qui est encore bien plus stupéfiant, c'est que toute la philosophie allemande s'est inclinée respectueusement devant une telle énormité, et que même les philosophes anglais et français, qui pourtant avaient déjà fait des pas décisifs vers la vérité, s'y sont laissé prendre. Huxleygh eut même l'attention de lui donner le nom de l'agnosticisme; ce baptême avait pour ainsi dire l'effet d'une consécration scientifique.

Conditions nécessaires pour établir une vraie science.

Pour se débarrasser du fléau de l'agnosticisme, il faut se faire une idée exacte de la Simplicité absolue. Il faut la définir clairement et complètement, car rien n'est peut-être plus dangereux que de le faire imparfaitement. Chaque omission principale constituerait une grave faute, parce qu'elle pourrait occasionner de fausses déductions.

C'est pourquoi la perfection n'est nulle part autant de rigueur qu'ici.

La définition de la simplicité absolue est bien simple. Elle ne présuppose que quelques notions, connues de tout le monde, quoique généralement sans qu'on s'en rende compte. Nous n'avons donc qu'à les rendre conscientes.

D'abord, il faut se rappeler que toute définition n'est qu'un jugement, résultant d'une comparaison, qui présuppose de nouveau à son tour deux objets : un objet connu et comparable et un objet inconnu et déterminable. Si nous n'avons qu'une comparaison à faire, la définition est simple; s'il faut en faire plusieurs, c'est-à-dire si nous changeons les objets comparables ou les points de vue de la comparaison, la définition devient complexe et circonspecte. Or, la Simplicité absolue, comme elle est le fond commun de toute chose, est la chose qui se trouve pour ainsi dire au milieu de toutes les différences. Elle est donc comparable à toutes et nécessite la définition la plus circonspecte. C'est pourquoi sa définition est aussi très complexe et demande d'autant plus d'attention pour ne pas confondre les différents points de vue des définitions partielles, parce que chaque confusion de ce genre ne serait qu'une répétition de l'erreur commise par Kant. Il faut se rappeler toujours qu'une roue ou une poulie tourne pour nous à droite ou à gauche, selon le côté duquel nous jugeons son mouvement.

La seconde condition pour bien définir la généralité ou la réalité absolues est de se rendre compte que toute connaissance commence avec la perception des sens et que chacune de ces perceptions n'est due qu'à la différence entre son être et son non-être ou, si l'on veut, à celle entre son paraître et son disparaître. Toute sensation présuppose donc une opposition composée d'une affirmation et d'une négation. Et c'est la même chose pour chaque pensée, parce que chacune se laisse réduire en dernier lieu à une ou à plusieurs sensations. C'est pourquoi chaque pensée représente de même une différence, possible en deux sens opposés, dans le sens affirmatif et dans le sens négatif. Chacune a ses deux bouts, un commencement et une fin. Chacune représente une évolution d'une certaine étendue : elle naît, se développe, atteint son maximum, se dissout et disparaît. Chacune a sa présence et son absence, son état positif et son état négatif. Cette dualité du positif et du négatif se rencontre partout et sans elle aucune sensation ni pensée ne serait imaginable. Et sans elle toute la science n'aurait ni existence, ni sens.

Le principe de la dualité est donc, pour la science, la condition *sine qua non,* c'est-à-dire son premier principe et, par conséquent, aussi celui que nous avons à appliquer à la définition de la vérité absolue, c'est-à-dire à la définition de la masse.

Définition de la vérité absolue.

Cette définition se fait de la manière la plus sûre en niant intégralement ou en opposant directement les attributs connus de la multiplicité des différentes unités phénoménales, qui font ensemble l'apparition totale et variable du monde, aux attributs des unités égales et invariables qui constituent son fond uniforme et caché. Nous obtenons ainsi un tableau qui nous dit tout.

Qualites générales des unités perceptibles du monde constatées par l'expérience.	Qualités des unités imperceptibles de la nature constatées par la raison.
Multiformité parfaite,	uniformité parfaite.
Différence ou inégalité,	similitude ou égalité.
Existence passagère ou muable,	existence éternelle ou immuable.
Divisibilité,	indivisibilité.
Variabilité ou mutabilité,	invariabilité ou immutabilité.
Spécialité,	généralité.
Perceptibilité,	imperceptibilité.

Toutes ces qualités sont toujours comprises à leur état de perfection absolue, c'est-à-dire sans être diminuées par leur mélange avec les qualités opposées. Elles sont à prendre au sens absolu et pas au sens relatif. Toute contradiction y est éliminée complètement, en tenant les deux concepts opposés strictement séparés l'un de l'autre.

Notre qualification du fond uniforme et caché des choses apparentes le qualifie comme une unité et aussi comme une masse ou une multitude, mais l'unité se rapporte à l'espèce de ses atomes, tandis que la multitude à leur nombre. C'est la divisibilité des unités ou indivisibilités relatives et différentes du monde qui nous force à conclure que les unités absolument indivisibles, auxquelles la division doit s'arrêter finalement, sont en plus grand nombre, c'est-à-dire qu'elles représentent la vraie quantité absolue ou le vrai nombre absolu. Mais leur espèce est forcément la même, puisque plus nous analysons les spécialités du monde, plus nous les dissolvons dans leurs généralités. C'est de cette manière que la chimie a réduit le nombre immense des différentes espèces d'organismes à un nombre très restreint d'espèces chimiques et le nombre de tous les corps à environ 80 éléments. L'expérience chimique confirme donc entièrement notre raisonnement.

Une autre contradiction apparente se présente quand nous jugeons l'unité de la masse tantôt comme uniforme et tantôt comme informe. Il y a aussi peu de difficulté à résoudre ce problème. Quand nous comparons les différentes conformations des atomes absolus dans l'espace, il est évident qu'elles peuvent avoir une et deux et trois dimensions. Dans ce cas, les trois dimensions des atomes absolus eux-mêmes disparaissent complètement. Ils deviennent alors informes. Mais dès que nous les jugeons directement, nous sommes forcés de leur attribuer toutes les dimensions et ceci d'une manière égale, puisqu'ils représentent l'Egalité et la Perfection absolues. Au sens absolu, les atomes de la Réalité sont donc nécessairement des sphères, la sphère étant la seule forme absolument uniforme. Ces sphères sont toutes de la même petitesse. Ensuite, elles sont nécessairement parfaitement denses et, pour cette raison, parfaitement dures et inélastiques. Mais, dans un autre cas, elles perdent ce caractère, tout en restant les mêmes, et deviennent l'Elasticité absolue. C'est ce que nous verrons tout à l'heure.

La Généralité absolue réunit en elle le repos et le mouvement, et les deux choses d'une manière constante, puisqu'elle est la Constance même, l'Eternel. Elle est immuable, invariable, constante, tranquille, égale, paresseuse par rapport à la forme de ses particules et par rapport à leur densité et à leur caractère parfait sous tous les rapports, même celui de leur inconstance. Cette inconstance parfaite, c'est leur mouvement propre. Si nous ne l'attribuions pas à la Réalité, il nous serait impossible de comprendre aucun changement dans ces aspects et aucune réaction chimique. Or, tout est constamment en mouvement et en réaction, et ce tout n'est finalement pas autre chose que le Nombre absolu. Les atomes de la Réalité sont des motifs ; ils sont des automoteurs absolus, qui courent toujours, sans pouvoir s'arrêter, parce qu'ils ne peuvent pas changer leur caractère. Leur dureté et leur inélasticité parfaite font que leur mouvement propre ne subit jamais le moindre ralentissement, quand il y a rencontre entre eux, et, par suite, pas non plus la moindre accélération. Tout changement de la vitesse des atomes réels est exclus et, par conséquent, le temps des rencontres est nul et, pour cette raison, chaque adversaire reste, pendant la rencontre, à sa place et représente pour l'autre pour ainsi dire un mur fixe. Il n'y a, entre eux, pas de chocs comme entre deux corps visibles qui se précipitent l'un sur l'autre. Ils ne font que se toucher pour continuer immédiatement leur course dans la direction que la nécessité leur prescrit. Dans ce sens, ils représentent l'Elasticité absolue même.

La relation entre l'angle d'incidence et l'angle de réflexion est, dans tous les cas de rencontre, la même. Les deux angles sont toujours égaux et dans le même plan, parce qu'il n'y pas de raison pour le changer. Cette relation entre les atomes de l'Absolu est la nécessité absolue. Son contraire est la processité ou la conséquence absolue. Là, il n'y pas de changement de direction.

Le mouvement propre des atomes absolus donne à ceux-ci le caractère de forces. Ils constituent ensemble la Force absolue ou primordiale, la puissance qui fait tout par elle-même, mais inconsciemment : la Toute-Puissance. C'est elle qui fait et renouvelle constamment le monde. La possibilité de changer entre eux de distance caractérise les atomes comme la variabilité, la muabilité, l'inconstance, la mobilité, l'inégalité et la diligence absolues. Mais ces caractères ne leur sont attribuables que dans un sens purement relatif; ils n'envisagent que la position relative et variable des différentes particules de l'Immuable et non pas leur caractère propre et immanent. Les atomes éternels sont différents comme individus, mais identiques par l'espèce.

Leur vitesse inaltérable est celle de la lumière. C'est ce qui est facile à prouver. La lumière ordinaire est le phénomène le plus simple. Il est celui qui traverse l'espace vide entre les étoiles. Sa forme est donc nécessairement celle de la ligne droite. Ne trouvant nulle résistance, le rayon de lumière pure est rectiligne. Et dans un tel rayon, chaque atome réel suit le même chemin, comme s'il rayonnait tout seul à travers le vide. Par conséquent, le rayon de lumière pure est le seul état qui ait la vitesse de l'absolu et, inversement, l'absolu la vitesse de la lumière. Ce simple raisonnement détermine donc 'a vitesse absolue à 300.000 kilomètres par seconde.

Nous voilà déjà assez avancés dans la connaissance de la masse. La réflexion la plus simple nous l'a révélée comme la Lumière éternelle. C'est l'expression qui la distingue clairement de son état le plus simple, mais passager, la lumière du monde, et nous dit davantage que toutes les autres désignations, comme, par exemple, celle de matière, masse, force, énergie, unité, etc., qu'elle comprend toutes, mais elle y ajoute encore la notion exacte de sa vitesse.

Elle est donc pour ainsi dire la plus parfaitement gnostique, tandis que les autres sont toutes encore plus ou moins agnostiques. Inutile de rappeler qu'elle se trouve déjà dans les Saintes-Ecritures. A quel point le concept de la fameuse énergie d'Ostwald est encore un produit du plus pur agnosticisme, cela est prouvé par le fait, que ce fondateur de la doctrine énergétique a nié la nécessité de l'atomisme. On peut en juger de sa valeur scientifique et de la distance, qui la sépare de la nouvelle théorie, fondée sur la Lumière éternelle.

La vitesse absolue n'est autre chose que le temps absolu, car le temps n'est qu'un des faits généraux de notre expérience, que nous devons aussi ramener à la Généralité absolue comme tous les autres. Cette communauté est donc aussi bien la vitesse réelle que le temps réel, tandis que tous les autres temps, qui se rapportent à de purs phénomènes, soit qu'ils nous semblent être plus ou moins rapide que la lumière, ne sont que des temps relatifs et irréels ou des vitesses, des temps apparents.

Si le rayon de lumière nous permet de déterminer d'une façon très simple la vitesse du principe radio-actif général et réel, il représente en même temps l'expérience la plus propre pour démontrer son invisibilité. Quand il passe à côté de nous, il n'exerce aucune action sur nos yeux. Or, il est indifférent; combien d'atomes passent ainsi les uns après les autres. Mais un agnosticiste bien trempé dira peut-être, que si les atomes de la Lumière éternelle n'étaient si rapides ni si petits, nous pourrions les voir fort bien, puisqu'ils sont des corpuscules sphériques. Et il imaginera peut-être une combinaison ingénieuse pour ralentir leur vitesse dans un microscope perfectionné et pour les fixer en même temps sur une plaque photographique extrêmement sensible. Peine perdue! Les particules de la masse pourraient avoir le volume d'un tout en ne faisant que trois mètres par seconde, sans que cela nous avançât d'un pas, même si nous restions comme nous sommes. Nous ne les verrions jamais parce qu'elles n'agiraient pas en dehors d'elles-mêmes. La seule action de l'atome absolu est son propre mouvement, et il n'agit en conséquence que dans la direction, où il rayonne. Il représente un fait, qui n'a aucun effet, c'est-à-dire aucune émission ou émanation. L'atome réel n'est pas radio-actif comme le radium, qui n'est qu'un état à trois dimensions, c'est-à-dire corporel et passager de la Radio-activité éternelle. La radio-activité du radium n'est qu'une des innombrables radio-activités relatives mais point absolue comme celle de la Lumière éternelle.

La visibilité corporelle est due à une action plus ou moins complexe, que les corps exercent continuellement en dehors d'eux, mais qu'ils subissent pareillement et continuellement du dehors. Ce n'est qu'un des modes généraux de l'échange continuel de leurs masses. Chaque corps n'est qu'une composition à trois dimensions d'atomes de lumière, et son existence dépend entièrement de l'équilibre, provoqué par leur entrée et leur sortie. Cet équilibre est son rayonnement caractéristique ou sa radio-activité relative, il dépend entièrement de la conformation de la surface du corps, et change quand celle-ci est changée par des influences suffisantes. Ce rayonnement des corps peut être transformé directement. Il peut être dissouts et comprimé, sans que la constitution du corps rayonnant subisse une transformation notable. C'est ce qui arrive quand les différentes couleurs des corps apparaissent à la lumière du jour.

Leur apparition est comparable à celle des divers goûts de différents sirops. A l'état concentré, leur douceur trop grande nous empêcherait de les bien distinguer, mais dès que nous les diluons avec de l'eau, les différences apparaissent nettement. De même les différents rayonnements sombres des corps de densité faible dont la surface réelle est par conséquent peu uniforme, ne sont pas perceptibles pour nous dans l'obscurité, mais dès que ces rayonnements obscurs sont dilués par le rayonnement clair et neutre de la lumière blanche, les différences se manifestent par l'apparition des différentes couleurs. Il est vrai qu'un agnosticiste de bonne trempe ne comprendra jamais cette explication. Il est beaucoup trop habitué à des explications qui n'ont rien à faire avec la vérité. Mais tous ceux qui n'ont pas de préjugé à son compte, et qui ne désirent pas l'éliminer complètement de toutes leurs argumentations, la comprendront mieux que tout ce que la science agnostique leur raconte sur l'absorption et la réflexion de la lumière, sur le caractère des couleurs et leurs relations entre elles et les corps, auxquels elles sont propres, et sur la radioactivité des corps, due à leur décomposition spontanée, c'est-à-dire non nécessitée par une cause rationnelle, ainsi que les explosions, qui durent des milliers d'années.

L'ignorance complète de la physique actuelle par rapport aux différentes lumières, c'est-à-dire par rapport aux couleurs, est une des causes principales de l'existence de l'agnosticisme et de son erreur fondamentale, la croyance en deux différentes choses positives et éternelles, la matière et l'énergie. On nous enseigne les deux comme des constantes absolues, et on attribue la découverte de la loi de la constance de la matière à Lavoisier et celle de la constance de l'énergie à Robert Mayer et à Helmholtz. En mécanique on suppose des points matériels et des points de force, distinction que l'illustre Laplace faisait déjà dans son système du monde. Or, il est logiquement impossible, d'admettre deux espèces d'objets positifs absolument invariables. La logique n'en admet qu'une seule espèce. Et il n'y a que ses différents attributs, plus ou moins complexes, et qui ne sont que des produits de notre cerveau, et ne proviennent que de l'expérience des différences de l'apparition dans l'unité éternelle, qui soient aussi éternels, puisqu'ils se rapportent à l'Eternel, mais leur éternité n'est pourtant qu'une vérité scientifique et pas la Vérité absolument absolue. Ces différences ne sont que des vérités subjectives et à ce point de vue elles sont aussi relatives. Si Laplace s'était rendu compte de cette différence entre les attributs de l'objet et l'objet lui-même, le dualisme néfaste dans l'éternel, qui est une contradiction absolue, aurait été épargné à la science.

Mais il l'aurait été tout aussi bien, si l'un des nombreux philosophes de son époque, avait eu la pensée. que les dernières particules des objets ne resteraient pas sur la table, si nous pouvions pousser la division jusqu'à eux, parce que les corps sont visibles, et parce qu'ils doivent leur existence par conséquent au va-et-vient continuel d'une masse invisible et rayonnante. Pour reconnaître la vérité absolue, il ne faut donc qu'un peu d'attention. Rien n'a empêché les hommes de la découvrir à toutes les époques, et la plus grande erreur est de la chercher à coups d'expériences dites scientifiques. Celles-ci n'ont leur raison d'être, que quand il s'agit de vérifier les idées scientifiques ayant rapport aux choses complexes et à nos besoins matériels.

L'exposé que nous venons de faire des qualités nécessaires de la masse, nous a donné de celle-ci une idée exacte. Les mots de masse, d'unité, de réalité, etc., n'ont à présent plus seulement la valeur de purs mots, ils se sont transformés en vrais concepts. Nous en avons compris le sens, et ce sens est un tout autre, qu'il l'avait été auparavant. Il est clair concis et libre de tout contresens. D'une chose matérielle au sens ordinaire de ce mot, c'est-à-dire d'une chose corporelle divisée à l'infini, la masse s'est transformée dans notre imagination en une chose invisible, en une force colossale, en quelque chose d'intangible et de spirituel. La masse est devenue dans notre esprit, d'un corps, un esprit, et l'esprit le plus pur et le plus intangible, parce qu'elle reste continuellement cachée dans tous les phénomènes, tout en étant déjà absolument invisible elle-même. Elle n'est donc pas un esprit comme le nôtre, que nous pouvons considérer comme une chose coordonnée aux autres phénomènes spirituels, comme les couleurs, la chaleur, les sons, etc., mais elle est l'esprit extra-phénoménal, transcendant, éternel et saint. La Masse, la Lumière éternelle ou le Saint-Esprit sont redevenus la base positive et certaine des sciences naturelles.

Définition du Néant.

Véritable relation de l'absolu et du relatif.

La connaissance de l'Unité absolue établie, il se présente le problème : comment faut-il expliquer l'immense nombre de ses différentes apparitions. Il y a là une difficulté, mais uniquement apparente.

Rappelons-nous la vérité, que chaque chose a ses deux côtés, son côté positif et son côté négatif, ou son être et son non-être, et appliquons-la à la Lumière éternelle, c'est-à-dire à l'Absolu positif. Quelle idée faut-il se faire de sa négation intégrale, du Néant absolu ?

Comme le Néant est le contraire de l'Être, nous n'avons qu'à nous servir de la même méthode, qui a servi à la détermination de celui-ci. Nous allons donc dresser le tableau des attributs des deux contraires.

Attributs de l'atome absolu positif.	Attributs de l'atome absolu négatif.
Absolument dense,	Absolument vide,
» indivisible,	» divisible,
» impénétrable,	» pénétrable,
strictement limité et distinct,	» sans limite distincte,
en mouvement continuel.	» en repos continuel.

Il s'en suit, qu'une masse d'atomes vides, massée en une sphère vide, compacte, composerait un vide complet, parfaitement continu, sans interstices distincts comme il y en aurait dans une sphère compacte composée d'atomes pleins. Mais cette différence ne gêne pas le moins du monde la raison, et elle ne nous empêche en aucune façon de nous représenter des états vides, qui soient égaux avec les états pleins. La détermination de l'atome vide comme négation pure et simple de l'atome plein nous permet même de représenter les deux espèces par des corps sphériques de même diamètre mais d'apparence différente, soit, par exemple, par des boules noires et par des boules en verre incolore et transparent. Ce serait réaliser un désir de l'illustre Lord Kelvin. On sait qu'il ne se contentait point des explications des phénomènes physiques, cachées sous un amas de formules mathématiques, difficiles sinon impossibles à traduire dans la langue ordinaire, mais qu'il s'efforçait toujours de représenter les phénomènes par des modèles, donnant quelque chose à l'imagination. Ce grand physicien chercha évidemment à se débarrasser de l'agnosticisme, qui ne fait que nous empêcher de voir clair, mais sans réussir parfaitement. Ce n'est que la représentation concrète et exacte du plein et du vide absolus, qui réalise le désir de Kelvin.

Il est vrai, que si l'on voulait représenter les états de l'Invisible par des modèles, on ferait encore mieux de laisser les boules de verre de côté et ne se contenter que des boules noires, mais pour établir l'égalité des états positifs et négatifs, elles ne seraient pas inutiles. En tout cas elles nous faciliteraient l'intelligence complète de l'opposition de l'absolu et du relatif. La science agnostique qui nie encore l'existence du vide absolu, ne l'a pas encore comprise, et on a vu surgir dernièrement pas mal d'explications au sujet de la relativité, sans qu'aucune donne la vraie solution de ce problème. Et pourtant il est bien simple, et si l'on comprend l'un on comprend aussi l'autre, car l'absolu et le relatif tombent forcément sous la loi générale de l'identité des contraires.

L'absolu ou l'absoluité et le relatif ou la relativité ne sont aussi que les deux côtés d'une même pensée, ou mieux vaudrait dire, les deux monorections opposées d'une même direction de notre faculté intellectuelle.

L'absolu est une double vérité, composé de l'absolu positif et de l'absolu négatif,mais chacune de ces deux absoluités tenues nettement séparées l'une de l'autre.

Le relatif par contre signifie la même opposition, non plus à son état de séparation, mais à celui de mélange, d'unification ou de composition. Or, les différentes parties de cette composition peuvent être composées de différentes façons, de sorte que leur entité générale consiste en une variété immense de combinaisons, dans lesquelles la relation quantitative entre les atomes positifs et négatifs est toujours différente, ainsi que la forme de leur combinaison, c'est-à-dire leur qualité.

La réalité positive et la réalité négative sont les deux compléments nécessaires du monde et de chacune de ses parties. Dans le monde entier ils sont toujours en équilibre parfait, mais dans ses différentes parties ils sont en évolution constante et double. Il y a également l'évolution du complément positif comme celle du complément négatif. Chacun d'eux y a son augmentation et sa diminution, sa composition et sa décomposition, son paraître et son disparaître, sa multiplication et sa simplification, sa cristallisation et sa dissolution, sa complication et son explication, sa synthèse et son analyse. Chaque évolution commence où l'autre finit. Mais elles n'ont jamais commencé au sens absolu, ni ne finiront jamais dans ce sens, mais uniquement dans un sens relatif. Car la Lumière éternelle n'a jamais commencé à rayonner à travers le vide, ni ne ralentira jamais son activité rayonnante. L'évolution du monde est éternelle comme l'Éternel lui-même. Et pour la même raison le monde reste constamment la relativité parfaite, c'est-à-dire le mélange complet de tous les mélanges imaginables. L'immuable n'évolue pas.

Pour éviter toute confusion, il est préférable que la science se borne à la considération de l'évolution de l'absolu positif. Mais la compréhension entière du monde veut que l'on se rende au moins compte de la possibilité et de la nécessité d'une évolution négative, égale avec l'autre, mais allant en sens contraire. C'est ce qui est aussi bien constaté par l'expérience que demandé par le bon sens.

Nous pouvons ici tirer encore une autre conclusion. Puisque la Relativité absolue existe constamment à l'état parfait, son opposé, l'Absolu double ne peut jamais avoir d'existence positive. Il reste toujours en dehors du monde, c'est-à-dire derrière lui. C'est pourquoi notre expérience sensorielle l'y chercherait en vain. Si l'Absolu était réellement possible, c'est-à-dire si ses deux compléments pouvaient se séparer parfaitement, le monde disparaîtrait en même temps, et avec lui notre expérience et notre imagination.

Il est donc de rigueur pour l'existence de ces deux facultés, qui représentent les deux côtés de la science, qu'Ormuzd et Ahriman ou Marduc et Tiamat, la Lumière et les Ténèbres ou l'Etre suprême et le Gouffre du néant soient en lutte continuelle.

C'est pourquoi il n'y a que le dualisme qui soit absolument scientifique et non pas le monisme. Celui-ci n'en est que sa moitié et n'a de sens que par rapport à une seule existence positive, la Masse. Bien compris, les deux ont donc au fond la même raison d'être, et toute discussion sur l'avantage de l'un ou de l'autre est par conséquent futile et ridicule. Il ne semble pas inutile de le faire remarquer, car cette controverse divise encore aujourd'hui la science en deux camps opposés.

Le philosophe allemand Ludwig Stein lui a consacré, il

y a quelques années, un petit livre très intéressant [1]. Il constate que le tournoi entre les monistes et les dualistes est archivieux et, qu'au moyen âge, les Libertinistes, à la Sorbonne de Paris, étaient déjà les partisans convaincus de la double vérité, de même que les Averroistes, à l'Université de Padoue. Leur mot d'ordre était : *Theologice falsum — philosophice verum* et vice versa. L'Eglise et les scoliastes orthodoxes étaient leurs adversaires et le concile du Latéran condamna la doctrine de la double vérité au 19 décembre 1512. Le cléricalisme regardait le dualisme scientifique toujours comme un modernisme dangereux. Il est donc assez drôle que la philosophie moderne se range, avec le professeur Stein, du côté du pape. Comme celui-ci, Stein le condamne et conclut qu'il n'a que la valeur passagère d'une dialectique provisoire. Mais ce philosophe moderne est agnosticiste, et c'est ce qui explique suffisamment ce jugement.

Système de l'évolution mondiale positive.

Elément fondamental, le Chaos ou l'Electromagnétisme.

Dès que l'on a compris qu'il ne faut, en dehors de l'unité uniforme de la masse, plus rien pour en faire une unité multiforme que Rien, c'est-à-dire le côté négatif de la la Vérité absolue, le Néant ou l'espace vide, le système du monde s'impose tout seul. On n'a qu'à constater les

[1] *Dualismus oder Monismus, eine Untersuchung über die doppelte Wahrheit*, Reichl et Co, Berlin, 1905.

différentes catégories ou les différents degrés nécessités par la complication de la relativité de la double Vérité.

Le premier degré en est représenté par l'idée simple du mélange général de la masse positive et de la masse négative, sans aucune considération des différences plus ou moins générales ou spéciales qui s'y trouvent. Cette idée correspond entièrement à celle du chaos, c'est-à-dire au pêle-mêle général des atomes de Lumière dans le vide. Elle embrasse d'un seul regard leur immense tohubohu.

Elle est donc encore aussi vague que possible, et l'unique spécification ou précision qui lui est propre est celle d'un va-et-vient énorme et incompréhensible en ce qui concerne la multitude de toutes ses formes. Elle ne divise la Radio-activité à travers l'espace qu'en deux parties égales, mais indéterminées.

L'idée du chaos représente la première division de l'entité du rayonnement de la masse à travers l'espace en deux rayonnements contraires et complémentaires. Cette division s'impose, parce que le nombre des automoteurs absolus reste constamment le même, et cette invariabilité nous force d'admettre, que ce qui va d'un côté doit forcément revenir. Le flux de l'Eternel exige son reflux, son action, sa réaction. Le chaos n'est donc que le concept indéfini d'un courant immensément complexe, composé d'un nombre indéfini de points de Lumière et d'un contre-courant qui lui est quantitativement et qualitativement absolument égal. On doit en conclure que le chaos renferme un nombre pair d'atomes absolus.

Avec cette idée générale, nous commençons la reconstruction scientifique du monde de la même façon que la genèse de l'Ancien Testament, ce qui confirme que nous avons retrouvé la clef de la haute sagesse de l'antiquité. Si cette sagesse nous a fait défaut si longtemps, la faute en est principalement aux physiciens qui dormaient chaque nuit du sommeil de l'agnosticiste. A eux incombait la tâche de renseigner les théologiens sur le sens de la genèse.

La définition claire de cette idée générale de la relativité de la double Vérité a une conséquence particulièrement heureuse pour le Congrès de Radiologie et d'Electricité. Car elle nous désille les yeux sur ce dernier principe que le congrès s'est proposé d'éclaircir.

Nous ne la connaissons encore que par expérience, ce qui est autant dire que nous l'ignorons encore par la raison. Nous ne savons au fond pas encore ce que c'est que l'électricité. Je n'ai pas à m'arrêter ici sur ce fait. Il n'est que trop connu. Les premiers physiciens l'ont signalé maintes fois ; je ne citerai, parmi les vivants, que M. le professeur Slaby, de l'Université de Berlin, et M. le professeur Chwolson, de l'Université de Saint-Pétersbourg, et, parmi les morts, l'illustre Boltzmann. Tous sont unanimes à affirmer que la fameuse théorie de Maxwell ne nous a pas avancé d'un pas vers la véritable intelligence de ce phénomène général, quoiqu'elle ait donné une unité plus parfaite à la physique. Et même les expériences géniales de Henri Hertz n'ont pas été moins infructueuses.

Le gnosticiste ne s'en étonne pas. Il sait, d'une part, que le calcul ne saurait jamais remplacer l'imagination, qui est seule capable de réunir et de combiner les différentes idées d'une manière parfaite et que, pour cette raison, c'est toujours elle qui donne au calcul sa base nécessaire, et non pas le calcul à l'imagination. Et, d'autre part, il n'ignore pas non plus que l'expérience est le contraire de la raison ou son complément nécessaire qui commence là où les expériences scientifiques ne pourront jamais nous conduire. C'est la raison pour laquelle tout agnosticiste, fût-il l'expérimentateur le plus fort, est absolument incapable de résoudre le problème de l'électricité.

Seulement le gnosticiste ou le gnostique, c'est-à-dire celui qui a saisi la Vérité absolue par la raison, en est capable. Pour lui, ce problème est même le plus facile de tous les problèmes que lui pose la science expérimentale, parce qu'il touche immédiatement à la double Vérité absolue. C'est pourquoi le vrai gnostique s'aperçoit tout de suite avec une certitude absolue que l'électricité n'est pas autre chose que le chaos.

La science expérimentale le confirme pleinement. Elle a démontré, il y a longtemps, que tous les phénomènes sont des phénomènes électriques ou électromagnétiques, ce qui est au fond la même chose. Hertz a démontré le premier que la lumière possède tous les caractères de l'électricité. D'autres ont trouvé plus tard pour le son la même chose. L'illustre Berzelius a déjà essayé de ranger les éléments chimiques d'après leurs qualités électromagnétiques, parce qu'elles sont celles qui sont les plus générales et les plus caractéristiques. Par conséquent, tous les phénomènes corporels ou chimiques ne sont que différentes apparences de cet agent universel, mais inconnu. Mesmer avait découvert le magnétisme animal déjà avant que Berzelius fut préoccupé par l'établissement de son système électromagnétique des éléments chimiques, découverte qui jeta un nouveau jour sur beaucoup de malaises et de maladies et indiqua les moyens de les guérir. Reichenbach ajouta aux découvertes de Mesmer celles de la sensitivité de l'homme et des phénomènes odiques qui ne sont pas autre chose que des phénomènes électromagnétiques et radioactifs. Il constata le fait remarquable que les personnes sensitives voient dans l'obscurité profonde les émanations lumineuses des corps et même des incandescences qui sont d'autant plus intéressantes qu'elles nous révèlent, par la couleur, la polarité électromagnétique entre l'homme et la femme, ainsi que les polarités dans les individus eux-mêmes.

On sait que les découvertes de Mesmer et de Reichenbach ont eu le sort de toutes les grandes découvertes. Les plus grands savants de l'époque les condamnèrent et le mérite de leurs auteurs, qui firent le sacrifice de leur vie pour les faire connaître, fut méconnu. Mais après leur mort, la science fut obligée d'en reconnaître l'exactitude. C'est ainsi que les deux découvertes ont enfin été acquises à la science, quoique des commissions nommées d'office par Louis XVI et composées des Lavoisier, des Bailly, des Franklin, des Jussieu et d'une foule d'autres savants non moins illustres[1] se fussent obstinées à donner tort à Mesmer et quoique les grands savants de Berlin et autre part eussent fait une obstruction non moins opiniâtre à Reichenbach.

La science expérimentale reconnaît donc aujourd'hui, que tout dans ce monde est, sans aucune exception, de constitution électromagnétique. Mais puisque l'agnosticisme l'a mise dans l'impossibilité de comprendre la généralité absolue, malgré qu'il lui permette de saisir généralement les généralités plus facilement que les spécialités et les complexités, il l'a mise de même dans l'impossibilité de se faire une idée exacte de l'électromagnétisme. L'agnosticisme a mis la raison en contradiction avec elle-

[1] DU POTET, *Le Magnétisme animal.* Paris, 1882, p. 19.

même et l'a empêchée, pour cette raison, de donner des explications rationnelles des choses les plus simples. Il s'est opposé comme une force égale à la raison et la tient en équilibre. Il l'immobilise, l'anéantit et la rend complètement impuissante. Mais dès que l'agnosticisme est détruit, la raison reprend sa vigueur ordinaire. Elle reconnaît alors que la forme pure et simple de l'électricité n'est autre qu'un rayon de lumière blanche. C'est la dimension réelle et absolue de l'espace par la lumière éternelle. Le magnétisme n'est que la condition et l'effet nécessaires des dimensions conditionnées ou relatives. Il est causé par le concours ou la confluence des différents courants de la masse. Aussitôt qu'un rayon rencontre un autre rayon, il est obligé de changer sa direction droite, et si les autres rayons se répètent régulièrement, il se transforme en une spirale régulière. Le résultat du mouvement absolu de la masse à travers le vide, c'est-à-dire le mouvement simple devient alors un résultat complexe, c'est-à-dire une résultante de la lutte entre les rayons de lumière. Ces résultantes ne sont donc que les dirayons primitifs transformés, qui étaient avant leur transformation l'expression concrète la plus simple de l'électricité, ce qui leur assure le droit de conserver ce nom. Le nom de magnétisme, par contre, revient aux dirayons qui sont la cause et l'effet de la transformation des dirayons absolus. Le magnétisme est donc à ce point de vue un phénomène secondaire, et on peut comparer la relation entre l'électricité et lui avec celle qui existe entre une mère et son fils ou plutôt entre parents et enfants. Le parallèle peut être poursuivi plus loin. Car, comme les enfants peuvent aussi se marier et avoir des enfants et des petits-enfants, le magnétisme primaire peut engendrer un magnétisme secondaire, tertiaire, etc.

Mais ces comparaisons ne sont bonnes qu'à faciliter la première intelligence de la relation entre ces phénomènes simples, et il ne faut pas oublier qu'il y a cette différence capitale entre les phénomènes physiques et chimiques et ceux du monde organisé, que les premiers sont généralement réversibles tandis que les derniers ne le sont pas. C'est pourquoi nous pouvons aussi changer de place les causes et les effets dans la considération de la relation entre l'électricité et le magnétisme.

Cette relation peut-être exprimée le mieux par les trois figures suivantes, dont la première représente l'électricité ou la lumière pure, la seconde l'électromagnétisme primaire et la troisième l'électromagnétisme secondaire.

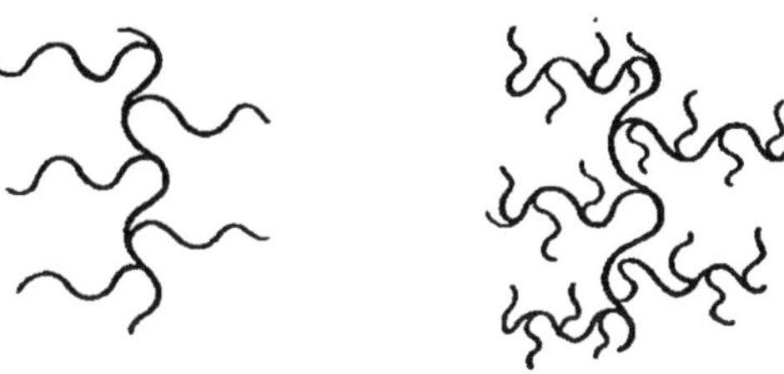

Fig. 1.

Eléments de la seconde catégorie : état spirituel et corporel.

Le seul élément fondamental de la Relativité complète, le pêle-mêle général du monde avec son rayon positif et son rayon négatif, l'Électromagnétisme ou le Chaos, se divise d'abord en deux grands éléments, les éléments de la seconde catégorie. Ils sont déterminés par la prépondérance de l'un ou de l'autre complément de la Vérité double et absolue.

Si les atomes du Néant sont en majorité, nous avons les états relativement vides, et si les points de Lumière dominent, nous avons les états relativement pleins, c'est-à-dire l'état corporel ou la densité, la visibilité et le repos relatifs des agrégations de la masse. Dans le premier cas on a l'état spirituel, c'est-à-dire l'intangibilité, l'invisibilité et le mouvement des conformations de l'Invisible. Par rapport à la prépondérance du Néant on peut désigner cet état aussi comme l'état corporel du Vide ou comme l'état corporel négatif, parce que nous voyons alors Rien. Et l'état corporel positif peut être caractérisé par rapport au Néant comme l'état spirituel négatif, parce que Rien n'y est alors pas visible ou tangible, puisque nous voyons alors quelque chose.

Or tout ce qui est positivement corporel et visible agit forcément dans toutes les directions, sans quoi nous ne pourrions voir les corps de tous les côtés. Ce ne sont que les rayons de lumières différentes, c'est-à-dire les couleurs, qui lui sont caractéristiques, qui font que nous sachions qu'un état corporel se trouve à une certaine distance de nous. C'est ce qui nous amène à la conclusion que l'état corporel est nécessairement complètement à trois dimensions.

Par un raisonnement plus difficile et trop long pour que je le puisse exposer ici, on peut aussi démontrer que le phénomène de la gravitation commence avec l'état corporel, c'est-à-dire avec la prépondérance de la Lumière absolue dans le pêle-mêle général de son apparition dans le néant. Quiconque désire s'en convaincre, trouve les raisons dans une de mes publications en allemand, que la science allemande a ignorée complètement[1].

La gravitation et la visibilité corporelle vont de pair. Les deux phénomènes commencent avec la prépondérance de la masse positive sur la masse négative, ils croissent dans la même mesure qu'elle, et ils sont en même temps au sommet de leur développement. C'est au moment où la masse négative est complètement remplacée par la masse positive, c'est-à-dire quand l'espace est complètement rempli d'atomes absolus.

C'est alors que nous nous trouvons vis-à-vis du corps le plus lourd, c'est-à-dire celui qui est assujetti le plus à la gravitation, parce que celle-ci est en rapport direct avec la masse. (Il est remarquable que Newton ait pu formuler cette loi, sans se rendre compte du caractère de la masse). Et en même temps nous serions placés vis-à-vis du corps le plus visible, c'est-à-dire celui que nous verrions sans une lumière dans la plus profonde obscurité et à la plus grande distance. Un tel corps représenterait la victoire complète du Dieu de Lumière sur le Dragon des Ténèbres, la victoire d'Ormuzd sur Ahriman. C'est ce qui justifie de lui vouer une attention toute spéciale. C'est alors que s'explique le phénomène de la radioactivité de la façon la plus simple.

Le lucium, l'élément radioactif par excellence.

La configuration de l'atome de cette dernière limite possible et imaginable dans l'agrégation de la masse est

[1] Ueber die wahre Ursache der Schwerkraft. Zürich, 1904, Art. Instit. Orell Füssli.

aussi facile à déterminer que celle de l'atome de sa plus grande dissolution possible, de la lumière du monde dont il est le contraire. Le point du maximum de l'agrégation est donc un certain point, et cela dans le sens de la certitude et non pas dans celui de son complément nécessaire, de l'incertitude, comme ce certain point de Rutherford, où la masse commence spontanément sa désagrégation par les explosions mystérieuses introduites par lui dans la science du vingtième siècle. La désagrégation y commence quand l'agrégation finit.

Ce point de la plus grande densité possible dans l'agrégation des atomes sphériques et invisibles de l'Eternel, doit être nécessairement lui-même de forme sphérique, parce que la surface de la sphère est la plus petite par rapport à la masse, c'est-à-dire son contenu et par contre la masse la plus grande par rapport à la surface. Un agrégat compact de forme sphérique serait donc parfaitement complet au point de vue de la densité relative, comme il le serait aussi au point de vue de sa forme si on se rappelle que la perfection et l'uniformité sont synonymes dans l'absolu. L'atome du dernier élément chimique possible serait donc la perfection au point de vue de son uniformité relative, c'est-à-dire au point de vue de celle de sa densité, ainsi qu'au point de vue de celle de sa forme et par conséquent aussi de celle de l'échange de la masse des atomes des rayonnants, c'est-à-dire au point de vue de sa radio-activité relative ou corporelle et encore à tous les autres points de vue qu'on aurait la fantaisie de choisir.

Cette uniformité et perfection relatives nous révèlent un nouveau concept scientifique ou une distinction encore inconnue. Jamais un agnosticiste ne serait encore en mesure de distinguer la densité absolue ou parfaitement parfaite de la densité seulement relativement parfaite, parce que l'agnosticiste se vante de son ignorance de l'absolu. Nous nous vantons au contraire de sa connaissance, car c'est elle seule qui le fait distinguer nettement du relatif, et permet de se rendre bien compte des différences dans celui-ci. Ce n'est qu'elle qui nous fait comprendre que quoique la surface de l'atome chimique le plus parfaitement uniforme soit uniforme, il ne peut néanmoins pas être absolument lisse, absolument rond, absolument dense, absolument dur, etc. Toutes ces qualités ne lui sont propres qu'au sens de la perfection relative. Voilà une distinction extrêmement importante quoique simple comme bonjour. Car y a-t-il quelque chose de plus simple que la pensée que l'absolu soit seul l'absolu et le relatif seul le relatif. C'est cependant ce que la science expérimentale ignorait encore jusqu'à ce jour. Si elle l'avait su elle n'aurait jamais cru que l'absolu fût incognoscible.

Mais revenons à la considération de notre élément chimique du poids atomique le plus élevé possible. Quoique cet élément n'ait pas encore été découvert par la science expérimentale, cette science a pourtant déjà déterminé son poids atomique par rapport à l'hydrogène quoique sans le connaître, car le poids atomique du dernier élément chimique n'est que la valeur réciproque de celui de l'élément le moins dense, c'est-à-dire de l'unité des poids atomiques ainsi que la relation entre les poids atomiques spécifiques du premier et du dernier élément est celle d'une pure réciprocité. C'est pourquoi le poids atomique spécifique de l'hydrogène déterminé il y a longtemps à environ 360, représente en même temps le poids atomique de l'élément final du système périodique. Par rapport à la lumière, il serait de 400.

Personne n'a encore jamais pensé à le déterminer, tout au contraire, les agnosticistes ont toujours cru que la densité des éléments était aussi illimitée que leur divisibilité, quoique ils considérassent la masse plus ou moins consciemment comme quelque chose de final et de simple. Mais nulle contradiction n'a jamais gêné l'agnosticisme, le contre-sens étant sa seule raison d'être.

Le dernier élément du système périodique des éléments chimiques a pour le gnosticisme une importance capitale, parce qu'il représente avec le premier élément physique la lumière blanche qui est simple et nullement composée comme Newton le croyait, les deux extrémités entre lesquelles toute l'agrégation et toute la désagrégation élémentaires se déroulent. Ces deux extrémités sont donc les deux pôles fixes de toute l'évolution élémentaire. Or, cette évolution est une chose assez compliquée qu'il faut étudier plus tard, après avoir fixé le caractère et la relation de ses deux extrémités. Cette relation est l'expression exacte du proverbe : les extrêmes se touchent.

Pour bien comprendre toute la signification de ce mot qui n'est que l'expression la plus concise et la plus juste de la loi de la radio-activité relative, c'est-à-dire l'expression exacte de la relation invariable entre les corps et leurs émanations ou leurs rayonnements respectifs, nous devons nous rappeler encore une fois ce qu'est un rayon de lumière.

Il est la dissolution complète de la masse dans le vide. La masse sortant d'une accumulation prend immédiatement la forme du rayon direct et conserverait cette forme tant qu'elle ne rencontrerait pas d'autres rayons émanant directement ou indirectement d'une autre accumulation quelconque. Dès que les rayons de lumière tombent dans le rayonnement d'un autre foyer de condensation, ils sont obligés de se modifier peu à peu pour se conformer aux effluences comme influences correspondantes. Alors ils ne sont plus seuls et indépendants mais pour ainsi dire mariés à leurs contre-rayons. Et c'est ainsi que chaque rayon de lumière qui entre dans notre œil et y évoque la sensation de clarté, est nécessairement accouplé à un autre rayon sortant de l'œil. Le « phénomène » de la lumière est donc toujours composé d'un rayon et d'un contre-rayon. Le véritable rayon lumineux est un dirayon et l'atome qui le caractérise dans toute sa longueur, est donc composé de quatre points de lumière puisque deux suffisent pour caractériser la forme de chaque complément.

Or, ces rayons de lumière pure forment nécessairement la seule radio-activité de l'élément de l'autre pôle de l'évolution. Sa surface simple ou uniforme est la condition d'un rayonnement simple. Il n'y a pas d'autre possibilité, car les rayons sortant de la masse compacte obligent la masse dispersée qui se trouve autour d'elle, à se conformer à eux et point inversement. C'est toujours le fort qui commande au faible.

L'élément chimique le plus matériel serait donc touché « effectivement » par l'élément physique le plus spirituel ou le plus intangible, c'est-à-dire par celui parmi tous les états invisibles de la masse invisible, qui a la plus grande vitesse réelle parce qu'il est identique avec le chemin direct. Son rayonnement ne consisterait qu'en pure lumière et il serait pour cette raison le plus puissant moyen d'éclairage, le porteur de lumière par excellence. Il représente le véritable lucifer scientifique, le lucimen absolu, la matière luciférante. C'est pourquoi je n'ai pas pu me défendre de l'idée que la même marche simple de la pensée ait déjà conduit un penseur de l'antiquité à faire les mêmes conclusions et à les mettre dans une image, qui ne serait pas explicable autrement, je veux dire dans l'histoire de la naissance de Krishna par Maja, qui se trouve rééditée dans celle du Christ par Marie et cela d'autant plus, que le Christ est appelé comme Krishna la lumière du monde, le chemin droit et la vie. La coïncidence avec les conclusions nécessaires, tirées plus haut, ne laissent rien à désirer.

Pourquoi fait-on naître un enfant d'une vierge immaculée. N'est-il pas clair qu'il se cache derrière cette histoire impossible une grande vérité qu'on voulait tenir secrète aux profanes, mais qu'on désirait pourtant propager partout pour la conserver à jamais. Et n'est-il pas clair, qu'il fallait alors lui trouver une formule qui répondît également à ces deux besoins : la rendre facilement reconnaissable aux initiés, mais absolument méconnaissable au public. Dans la haute antiquité, toutes les grandes vérités étaient gardées d'un œil jaloux par les prêtres, qui en étaient les seuls dépositaires et qui prononçaient la peine de mort à chaque trahison. A ce point de vue, cette histoire dont l'invention constituerait presque un aussi grand miracle que le fait raconté lui-même, devient facilement compréhensible.

S'il s'agit de rendre compréhensibles des faits abstraits, comme le sont les phénomènes physiques, aux hommes, on ne peut guère mieux faire que de choisir les exemples dans la vie humaine elle-même. C'est pourquoi j'ose dire que s'il m'avait fallu expliquer la relation entre le lucium et la lumière, sans avoir connaissance de l'histoire de cette naissance mystérieuse du Christ, je l'aurais probablement inventée moi-même.

Si nous voulons nous rendre compte des différents moyens mis à notre disposition pour nous procurer de la lumière, ces moyens se réduisent finalement à deux : la combustion et l'incandescence.

La combustion en était autrefois pratiquement le seul, et il est encore, de nos jours, celui dont on se sert le plus généralement, quoique l'incandescence soit, depuis une trentaine d'années, entrée en concurrence respectable avec elle.

La combustion est une réaction de deux différents corps, qui donne lieu au dégagement d'un mélange de chaleur et de lumière, le feu. Souvent ce dégagement est encore accompagné d'un dégagement de son, ce qui est surtout le cas dans les combustions de caractère explosif, comme dans la combustion de la poudre. Tous ces dégagements sont passagers. Ils n'ont lieu que pendant la double réaction des deux corps, le combustible et l'oxydant. C'est principalement au grand Lavoisier que la chimie doit la première connaissance de ce procédé. Mais son explication laisse encore beaucoup à désirer, parce qu'elle ne nous explique nullement ni ce que ces dégagements sont, ni pourquoi ils se font. La cause en est que ce grand Français ignorait encore la double Vérité, et il était trop absorbé par ses affaires, ses devoirs publics et ses découvertes expérimentales pour se mettre sérieusement à sa recherche. Il n'avait pas le temps de se préoccuper de choses qu'il ne pouvait pas peser sur la balance. Et la balance était alors encore un instrument bien imparfait. Il échappait donc à son génie que la lumière, la chaleur et le son étaient aussi quelque chose de réel où la Réalité générale devait jouer son rôle, et il confondait, par conséquent, la corporéité, qui est pesable, avec sa masse constitutive, qui ne l'est pas. Lavoisier confondait encore le relatif et l'absolu, erreur qui s'est conservée jusqu'à nos jours. C'est pourquoi personne n'a encore donné la bonne explication du phénomène du feu. La science agnostique en est encore plus éloignée que ne l'était Lavoisier. La lumière et la chaleur ne sont, pour elle, que les accessoires bien connus de chaque combustion. Cependant, cette connaissance ne vient que de l'expérience et point de la raison. La thermochimie mesure et enrégistre les masses de chaleur absorbées ou dégagées pendant les réactions, mais elle ne les explique pas. Et elle s'imagine encore que la corporéité de deux corps avant et après leur réaction est la même par rapport à la masse constituante, et cette erreur ne lui permet pas de disposer encore de la masse nécessaire pour en faire les phénomènes intangibles ou spirituels. Ils ne sont donc pas reconnus comme les véritables enfants de la réaction. mais seulement comme des accessoires soi-disant intéressants. L'antique initié, par contre, comprenait le feu forcément comme le véritable produit d'une réaction chimique, comme l'enfant est le fruit de l'amour.

Si nous considérons le cas de l'incandescence, la lumière n'y est, au contraire, plus le produit d'une réaction chimique, mais provient simplement d'une configuration corporelle spéciale des atomes de Lumière apte à la produire. Ces configurations peuvent être stables et passagères. Nous connaissons des incandescences froides et chaudes. Les premières sont stables, les secondes disparaissent avec la chaleur qui a servi à changer la conformation atomique ou moléculaire de façon à faire entrer des rayons de lumière et de chaleur dans la composition de son rayonnement, c'est-à-dire dans sa radio-activité relative et complexe. Chaque différenciation de la surface atomique correspond à une certaine différenciation de la radioactivité, chacune est une cause spéciale avec son « effet » propre.

Reichenbach a constaté que les personnes sensitives reconnaissent le soufre dans l'obscurité à une forte incandescence bleue pareille à la couleur de sa flamme. Le fer chauffé au rouge émet constamment de la lumière rouge. La lumière électrique est due à l'incandescence d'un fil de charbon dans un vase vide d'air dont la cause indirecte primaire est la transformation du courant électrique en chaleur. L'éclairage à bec Auer n'a également rien à faire avec la combustion, du moins pas directement; il n'y a que la chaleur nécessaire qui est fournie par la combustion du gaz. Partout nous trouvons, en principe, la même cause immédiate pour l'apparition de la lumière. C'est celle qui est aussi la cause de la radioactivité faiblement lumineuse du radium, qui a tellement étonné et stupéfait le monde scientifique. Cette cause, c'est la conformation de la surface des agrégats corporels élémentaires de la masse. Partout des rayons d'une grande variété de forme en sortent pour être immédiatement compensés par des rayons identiques dont la masse constitutive est fournie par l'air et par toutes les autres « circonstances » qui entourent le corps radioactif. Dans aucun de ces cas il n'y a réaction, dans aucun on ne pourrait donc parler d'amour et de génération. Partout il n'y a que l'esprit universel, la Lumière absolue, qui conserve les différents corps dans leurs états « actuels » spéciaux en compensant continuellement les pertes de Lumière absolue qu'ils subissent par le rayonnement nécessaire. Partout il n'y a que la balance parfaite entre les entrées et les sorties de leur unique « motif d'existence ».

Or si l'on voulait représenter tous ces cas et toutes ces possibilités par un seul type, on choisirait naturellement le cas le plus parfait. Il n'y aurait que l'idéal lui-même qui suffirait pour les représenter tous. Mais cet idéal, c'est précisément cet élément chimique, le plus dense imaginable, c'est-à-dire le plus complet possible et, par conséquent, aussi le plus stable, c'est-à-dire le moins dissoluble et le moins réactif de tous. C'est précisément cet élément chimique idéal et point hypothétique ou impossible, mais au contraire possible comme son contraire, la lumière, qui est le vrai représentant de la radioactivité et de l'incandescence, parce que la clarté de son rayonnement n'est plus affaiblie par aucun rayon sombre. Il serait tellement éblouissant que même le soleil disparaîtrait à côté de lui. C'est ce véritable lucimen, cet élément, le lucium, à la structure inébranlable et réfractaire à toute réaction, qui représente, en réalité, l'inertie chimique complète, en même temps que la radioactivité et l'incandescence parfaites. Et s'il fallait lui trouver une expression mystique, tout en conservant l'image déjà employée pour exprimer la combustion et les produits de la combustion, nous tomberions tout simplement sur l'image d'une sainte vierge inondant le monde de sa lumière. La matière chimique la plus inerte se transformerait alors en une vierge immaculée, mère du Dieu fils, lumière du monde, et la pureté matérielle en chasteté maternelle.

Les langages sont différents. La science ou le gnosticisme, la nescience ou l'agnosticisme et le mysticisme ou l'occultisme, chacun a sa propre façon de s'exprimer. La science est claire, franche et simple, l'agnosticisme obscur, hypothétique, contradictoire et compliqué, et le vrai mysticisme cache les vérités scientifiques sous le voile des symboles. Mais ces symboles sont, au fond, simples et précis comme des formules mathématiques.

Les états généraux de la troisième catégorie des éléments, connus sous le nom d'états d'agrégation proprement dits.

La connaissance exacte des deux extrémités de l'évolution totale de la relativité de l'absolu, et la connaissance de sa division, dépendante de l'opposition de son commencement et de sa fin, sont la condition nécessaire pour la détermination rationnelle des états généraux de la matière de moindre importance, c'est-à-dire pour la spécification des éléments, qui constituent les catégories élémentaires moins élémentaires. Les deux éléments de la seconde de ces catégories, qui sont pour ainsi dire les deux piliers principaux, sur lesquels repose tout le bâtiment de la vraie science, sont, comme nous venons de l'expliquer précédemment, d'une part l'état général des choses invisibles ou spirituelles, c'est-à-dire l'ensemble des phénomènes que nous appelons des forces, et d'autre part l'état général des choses plus ou moins visibles, tangibles et pesables, c'est-à-dire l'ensemble des phénomènes corporels. Nous avons d'abord divisé le chaos en l'état spirituel et en l'état corporel de la matière.

Chaque partie de cette première opposition mondiale

est également le résultat de l'expérience et de la raison. Chacune est l'inverse ou la négation de l'autre ; les deux sont des pendants idéaux. La première est une entité corporelle négative, la seconde un ensemble spirituel négatif. C'est ce qui nous indique clairement le nombre des généralités suivantes.

L'état corporel, possédant toutes les dimensions positives, et leur ensemble immense se réduisant à trois grandes différences, appelées tout court les trois dimensions de l'espace, la troisième catégorie des éléments résulte évidemment de la seconde non par une division de ces deux éléments constitutifs, mais par une trivision.

Les trois dimensions de l'espace nous conduisent d'abord à la distinction des trois dispositions générales de la Vérité absolue, c'est-à-dire de la masse. Il y en a ni plus ni moins. Ce sont : la disposition mono-dimensionale ou linéaire, la disposition bi-dimensionale ou en plans droits, et la disposition tri-dimensionale ou en plans courbés. Avec ces trois notions géométriques on peut construire toute la variété immense des formes d'apparition de l'Invisible, les formes générales et simples aussi bien que les formes spéciales et complexes. De même elles nous permettent de nous faire une idée exacte d'une transformation continuelle tout à fait simple et typique de l'élément le plus spirituel en l'élément le plus corporel à travers toutes les formes intermédiaires, idée qui aurait une très grande importance scientifique, parce que ce n'est qu'elle qui représente la connaissance générale de l'évolution des états d'agrégation de la masse.

Les différents états ou effets linéaires peuvent être représentés par des ficelles, les effets à plan droit par des rubans et les effets à plan courbé par des vis. Une ficelle tendue représenterait alors un rayon de lumière incolore. Pour le transformer en un effet à plan droit tendu, on n'a qu'à donner à la ficelle la forme d'une spirale, d'abord concentrique, mais peu à peu de plus en plus excentrique, jusqu'à ce que la projection de face de cette spirale ne soit plus une élipse, mais une simple ligne droite. Ce serait la limite des effets linéaires et le commencement des effets à plans droits. La transformation d'un tel effet se ferait d'une façon tout à fait analogue et la véritable raison en serait l'augmentation ou l'accumulation des atomes dans l'espace, la transformation de la forme étant en rapport direct avec l'agrégation de la masse. La limite des effets à plans droits serait donc en même temps le commencement des effets à plans courbés. Quand les courbures de ceux-ci toucheraient enfin l'axe de la propagation, l'effet serait enfin complètement tridimensional ou fermé. L'évolution spirituelle serait terminée et l'évolution corporelle commencerait.

Pour nous rendre compte de ces différents stages principaux, nous n'avons qu'à considérer l'état corporel positif de la même manière que l'état corporel négatif, avec la seule différence que nous substituons ici aux effets positifs traversant le vide des effets négatifs traversant le plein. Nous arrivons alors en sens inverse à des états corporels avec des interstices mono-, bi- et tridimensionaux.

La raison pure demande donc six états d'agrégation, c'est-à-dire trois états spirituels et trois états corporels. Les premiers sont, positivement parlant, des effets ouverts et les seconds des effets fermés. Ceux-ci sont effectués de tous les côtés et envoient leurs effets de tous les côtés, ceux-là n'agissent que dans un nombre de directions plus ou moins restreint.

* * *

Si le résultat de cette trivision purement rationnelle est juste, il faut qu'il s'accorde avec le résultat irréfléchi de l'expérience générale. Il faut donc se demander combien de phénomènes généraux d'ordre spirituel et d'ordre corporel nous distinguons.

La catégorie spirituelle se compose évidemment des octaves de lumière, c'est-à-dire des couleurs, puis des octaves du son et ensuite encore des éléments chimiques gazeux. L'expérience y distingue donc les couleurs, les sons et les gaz. Et l'ordre corporel, c'est-à-dire la catégorie des choses lourdes, se compose des choses solides, liquides et des vapeurs. En conséquence la science expérimentale se divise d'abord en Physique et en Chimie. Et la Physique se divise élémentairement en optique, acoustique et cinétique, qui s'occupent de l'étude des différents effets de la lumière, du son et des gaz. Et la Chimie trivise son objet d'étude de même en trois états généraux, quoiqu'elle ne s'en soit encore jamais préoccupée « raisonnablement ».

La science agnostique n'a de toutes ces choses que des idées confuses et contradictoires. Pratiquement elle a accepté depuis longtemps, mais un peu malgré elle, le système prescrit par la raison. La nécessité l'y a contrainte, en la divisant en ses différentes disciplines. Mais théoriquement elle n'admet point six états d'agrégation ou cinq, si l'on veut admettre que les gaz et les vapeurs ne font qu'un. Elle n'en admet que quatre. Et il n'y a même pas longtemps qu'elle n'en admettait que trois, jusqu'à ce que Sir William Crookes lui ait démontré à grande peine l'insuffisance de ce nombre.

La doctrine des trois comme celle des quatre états d'agrégation est donc en contradiction avec la science expérimentale elle-même. Et rien ne saurait peut-être démontrer autant l'insuffisance de sa méthode actuelle, que ce fait qu'elle ne lui a pas même permis de constater le vrai nombre de ses plus grandes différences. C'est une vérité bien humiliante pour elle, et qui lui aurait été épargnée si elle n'avait pas juré aveuglément sur l'autorité de Kant. C'est à sa foi dans l'autorité des autres et à son manque de confiance en son propre bon sens, qui lui aurait conseillé de se rendre d'abord compte de ce que c'est que la Vérité simple, qu'elle doit l'humiliation de constater qu'elle a perdu beaucoup de temps avec des conjectures et des hypothèses purement fantaisistes et parfaitement inutiles.

* * *

La preuve de la précision de notre détermination du nombre et du caractère des états d'agrégation que nous venons de donner plus haut, n'a encore qu'une valeur relative. Mais il existe une preuve parfaitement certaine. Elle se présente par la réalité des cinq sens.

Si l'on se demande pourquoi tous les animaux qui peuplent la surface de la terre sont doués de cinq sens, il est évident qu'un fait tellement général doit avoir une cause commune et simple, et qui doit être cherchée dans les différences générales de la structure mondiale, c'est-à-dire dans le nombre des états d'agrégation. Chaque cause a son effet, et le nombre des causes doit donc forcément être égal avec celui des effets. Qu'y aurait-il alors de plus simple et de plus juste que de conclure des grandes différentiations qui se manifestent dans toutes les unités les plus complexes du monde : les êtres vivants, de la même façon, aux différenciations qui les ont effectuées. La science expérimentale n'a cependant jamais eu cette pensée, quoi qu'elle soit pour la physique, la physiologie et la médecine d'une importance tout à fait capitale. Et ce qui aggrave encore sa négligence, c'est qu'elle connaissait pourtant très bien la sentence des philosophes grecs, que l'homme est la mesure de tout. Mais on s'est contenté de la répéter naïvement et de l'admirer de la même façon qu'on a admiré la conception immaculée. Et pour se garder des questions trop indiscrètes par rapport aux sens, on s'est enveloppé dans un manteau de fausse modestie, en prétendant que l'homme était encore un être très imparfait, et que pour cette raison non seulement ses sens — il ne s'agissait alors jamais du bon sens — se développeraient encore merveilleusement, mais que l'homme de l'avenir disposerait encore de beaucoup d'autres sens que les cinq dont parle déjà la Bhagavad-Gîtâ.

Mais de telles explications ne sont que l'expression de l'agnosticisme ou de la nescience. Aussi sont-elles désavouées complètement par l'existence des cinq paires d'organes, symétriquement développés, qui représentent les cinq sens de la vue, de l'ouïe, de l'odorat, du goût et du toucher. Dire que les hommes de l'avenir gagnerons encore des sens nouveaux et inconnus de nous, serait reconnaître qu'il n'y a rien d'éternel. Parce que, si c'est le cas — et on doit bien l'admettre puisque le variable présuppose l'invariable —, il doit toujours avoir les mêmes effets, restant toujours la même cause. Prétendre que l'homme actuel fut organisé imparfaitement par l'Eternel, est donc absurde et un pur subterfuge pour la vanité scientifique.

Déjà l'observation attentive de la disposition des organes des sens nous y révèle une polarité pareille à celle qu'on observe dans les états d'agrégation. Comme l'état lumineux est opposé à l'état solide, les yeux sont les antipodes des mains. Et comme l'ensemble des états d'agrégation est divisé en une partie spirituelle et une partie corporelle, chacune composée de trois états différents, on peut diviser les cinq sens en deux parties, c'est-à-dire en une première, composée de trois paires d'organes, qui n'ont qu'à recevoir les actions arrivant elles-mêmes et à y réagir, et en une seconde, qui n'a plus le caractère passif, mais actif, et qui va saisir elle-même les choses qu'elle veut juger directement. Cette seconde partie est douée d'organes pour saisir. Elle correspond à l'état corporel et chacune de ces parties à un des trois états spéciaux dont elle a à juger par contact immédiat la radioactivité spéciale, tandis que la première partie correspond à l'état spirituel avec ses trois états spéciaux. Elle juge seulement les rayonnements des corps, comment ils lui arrivent à travers d'autres milieux, par lesquels ils ont déjà subi des transformations. Le nez, situé au milieu des cinq sens a donc une double fonction, celle d'organe passif pour les gaz, et celle d'organe actif pour les vapeurs qui font déjà partie de l'état corporel, soumis à la gravitation.

La coïncidence entre les cinq sens et les cinq états d'agrégation ne laisse donc rien à désirer. Elle est parfaite pour les grandes lignes et elle ne l'est pas moins pour les petites, c'est-à-dire les grands détails. Elle nous révèle pour ainsi dire toute seule, c'est-à-dire à sa manière, les deux grandes lois de la radioactivité relative.

La première est de toute simplicité. Elle dit : L'état corporel a un rayonnement spirituel. Cette affirmation est de toute évidence, et c'est cette constatation qui nous fait le plus souvent défaut. Le corporel avec le spirituel, le visible avec l'invisible vont toujours ensemble. Il n'existe aucun corps, soit simple, soit complexe, qui ne possède sa radio-activité correspondante. Le corps, avec sa couleur et son odeur, ne forme qu'un seul et même phénomène. Le corporel et le spirituel se complètent toujours en une seule unité. Corps et esprit sont toujours complémentaires l'un de l'autre. Si l'esprit est fort au point de vue de la vitesse, le corps l'est au point de vue de la masse. Plus la force spirituelle augmente d'intensité, plus la force corporelle correspondante gagne en densité. Ces deux forces s'équilibrent toujours réciproquement.

C'est la loi la plus générale de la radio-activité et celle qui se rapporte autant aux unités différentes qu'à la différenciation des mêmes unités, c'est-à-dire à celle des mêmes atomes relatifs ou divisibles, comme le sont les atomes des éléments chimiques, les molécules simples et complexes et les êtres vivants.

Comme les éléments chimiques appartiennent à une catégorie d'éléments d'une différenciation déjà très grande, leurs atomes sont déjà composés d'une masse d'évolutions ou de phases simples. Et ces phases sont combinées ou compliquées de différentes façons. Elles peuvent être accumulées dans une partie de l'atome plus que dans une autre, et elles y peuvent même alterner régulièrement et irrégulièrement, de manière que ces atomes complexes ont aussi des rayonnements, dans lesquels les parties faibles en masse, mais fortes en vitesse, alternent avec des parties fortes en masse, mais faibles en vitesse. Toute cette variabilité est couverte par la loi générale : les extrêmes se touchent.

La seconde grande loi de la radio-activité, subordonnée à la première, et révélée comme elle par l'existence incontestable des cinq sens, dit : A l'état solide correspond le rayonnement lumineux; à l'état fluide le rayonnement sonore, et à l'état des vapeurs un rayonnement gazeux.

Cette loi est la même que celle constatée par la raison pure, et qui s'exprime ainsi : A l'état tri-dimensional fermé avec des interstices mono-dimensionaux correspond un rayonnement mono-dimensional; à l'état tri-dimensional fermé avec des intervalles bi-dimensionaux correspondent des effets spirituels bi-dimensionaux, et l'état corporel, avec des interstices tri-dimensionaux, effectue des effets invisibles tri-dimensionaux.

Les deux expressions ne diffèrent que par rapport à leurs différents points de vue, mais, en fait, elles disent la même chose, c'est-à-dire qu'au simple convient le simple, au double le double, et au triple le triple. La valeur corporelle égale toujours la valeur spirituelle. Nous voilà donc déjà assez fixés sur la radio-activité.

Il n'y aurait encore qu'à ajouter que les différentes valeurs corporelles peuvent être combinées, comme c'est le cas dans les unités organisées, les êtres vivants, où cette combinaison est au maximum de développement possible, et que les différentes valeurs spirituelles peuvent être combinées d'une manière analogue, ce qui donne lieu à une masse immense de combinaisons du dernier ordre de la complexité. Mais cela ne nous avancerait au fond pas beaucoup. Les seules choses qu'il s'agit de bien savoir, et la seule chose que nous puissions garder dans la mémoire, ce sont les relations simples. Et parmi ces choses principales, il ne nous reste plus qu'une seule chose à considérer encore.

Jusqu'alors, nous ne nous sommes occupés que du rapport de masse entre les états corporels et spirituels, mais il y a encore le rapport de genre, que nous avons laissé de côté. C'est le rapport qualitatif qui demande encore notre attention, après l'avoir donnée au rapport quantitatif. Ce n'est donc plus des rapports entre la pauvreté et la richesse en réalité positive, et de ceux entre leurs formes générales, qu'il s'agit ici, mais des rapports de symétrie dans ces formes générales, c'est-à-dire des rapports entre les évolutions développées à gauche et celles développées à droite. Ce rapport est le même que celui entre les effets électro-négatifs et électro-positifs, ou entre le féminin et le masculin.

Pour ne pas trop compliquer ce rapport, nous allons nous le figurer de la façon la plus simple. En vérité, chaque forme est nécessairement androgyne, c'est-à-dire composée d'une évolution dextrogyre et d'une évolution lévogyre, et leur différence ne provient que de ce que leur symétrie est plus ou moins asymétrique, c'est-à-dire déformée, tantôt à gauche et tantôt à droite. Mais nous ne voulons pas tenir compte de cet hermaphroditisme élémentaire, et simplement comparer les effets électro-négatifs à de simples effets lévogyres, et les effets électro-positifs à de simples effets dextrogyres. Il est alors très facile de comprendre la différence totale entre le genre féminin et le genre masculin et de saisir aussi la différence entre leurs évolutions respectives.

Toute évolution élémentaire complète se compose d'une masse d'évolutions partielles qui, dès leurs commencements jusqu'à leurs fins, gardent le même genre. Si les évolutions commencent à être nettement dextrogyres, tous leurs trois états spirituels le sont et ensuite aussi les trois états corporels. Chacune garde, jusqu'à sa fin, le genre qui lui a été imprimé à son commencement. La fille devient une femme et une vieille, le garçon un homme et un vieillard, et l'hermaphrodite reste hermaphrodite. C'est là le rapport intérieur des parties des mêmes évolutions ou du même genre; mais il y a encore le rapport extérieur, le rapport entre les différents genres. Et ce rapport tombe sous la loi générale : les extrêmes se touchent.

Homme et femme sont complémentaires. Le masculin est le complément du féminin, l'électro-positif de l'électro-négatif, le dextrogyre du lévogyre.

Chaque rayonnement spirituel a donc le genre opposé de celui du corps, dont il est l'effet nécessaire. Leur rapport est le même que celui de deux roues dentées qui tournent l'une sur l'autre. Elles tournent en sens opposé.

La loi de radio-activité, dans sa forme plus développée, doit donc être exprimée de la manière suivante :

1. Les corps électro-positifs solides rayonnent des couleurs électro-négatives, et les corps électro-négatifs solides possèdent des couleurs électro-positives.

2. Les corps électro-positifs liquides rayonnent des sons électro-négatifs, et le rayonnement d'un liquide électro-négatif possède une sonorité électro-positive.

3. Les vapeurs électro-positives émanent des gaz électro-négatifs et vice-versa.

Voilà déjà une loi plus explicite et, au point de vue de nos connaissaissances d'expérience extérieure, plus précise.

Mais on m'objectera peut-être que si cette loi était juste on devrait se boucher les oreilles aussitôt que l'on verrait un lac et que, déjà le fait qu'il est possible de voir l'eau, la réfute complètement.

Mais de telles objections ne sont que les effets d'un manque de patience et d'attention et rien n'est peut-être plus désastreux pour le développement de la science que l'absence de ces vertus. Rien n'est aussi nuisible en science que les conclusions hâtives.

Quand on regarde les choses d'un peu plus près, on observe sans difficulté qu'il existe dans l'évolution du son, comme dans celle de la lumière, la même opposition du clair et de l'obscur. Mais comme la science expérimentale semble encore ignorer ce principe fondamental de toute distinction, elle n'a encore jamais compté le noir parmi les couleurs. Le noir n'avait pas de place dans le système de Newton. De même n'a-t-elle jamais eu l'idée qu'il devait y avoir des sons plus ou moins noirs, c'est-à-dire des sons que l'on ne peut plus entendre, comme les différents noirs n'évoquent plus la sensation de lumière, mais sont obscurs et invisibles. Si on fait ces simples réflexions, on comprend que les liquides peuvent très bien avoir des effets sonores, sans qu'on les entende et on se contente alors de l'expérience que l'eau peut faire beaucoup de bruit dès qu'elle est en mouvement. On se rappelle que les poètes chantent le murmure du ruisseau et le tonnerre d'une chute d'eau, et on est surpris qu'on ne se soit jamais étonné auparavant de l'absence de bruits pareils quand on laisse tomber du sable d'une certaine hauteur. On commence alors à y voir un peu plus clair et à comprendre que la loi de la radio-activité exprime fort bien la raison de cette différence.

Et si nous réfléchissons un peu sur les différentes causes de la visibilité de l'eau, nous ne tardons pas non plus à en entrevoir plusieurs, sans être, pour cette raison, en contradiction avec cette loi. On se rappelle qu'à côté du rayonnement direct il y a encore la possibilité de la dissolution des rayons complexes et celle des réactions entre eux qui peuvent causer des dissolutions comme des condensations. Ces transformations ne sont plus du domaine du rayonnement direct de l'état corporel ; elles sont au contraire de son domaine indirect. Or, celui-ci joue naturellement un rôle beaucoup plus important dans la phénoménalité que l'autre, parce que les rayonnements directs rayonnent instantanément à travers d'autres effets invisibles avec lesquels ils réagissent nécessairement. C'est ainsi, comme nous l'avons déjà remarqué précédemment, que l'effet le plus général des corps, la couleur corporelle, n'est qu'un de ces effets secondaires. La couleur ordinaire est le produit de la dissolution des différentes couleurs noires que nous ne pouvons pas distinguer dans l'obscurité, dans l'effet diluant ou désagrégeant de la lumière claire. Et cet effet transformé subit de son côté bien d'autres transformations, selon les réactifs avec lesquels il entre ensuite en réaction. Et puisque tout réagit, ces transformations sont innombrables. Si la couleur d'une forêt, vue de près, nous semble verte, nous la voyons au loin en un bleu-grisâtre et de très loin presque noire. C'est que l'effet primaire a subi à la longue, évidemment, l'influence de l'air. En se mélangeant avec lui, les deux effets s'unissent peu à peu toujours davantage et tendent à la production d'un effet parfaitement homogène. L'un dissout, d'une part, l'autre condensé d'autre part par lui. Cela va de soi. Mais notre science expérimentale n'en sait encore rien. Elle est même loin de tenir seulement compte de pareils faits, parce qu'ils lui causent trop d'ennui. C'est pour cela qu'elle les ignore. On n'a qu'à consulter un des grands cours de physique pour trouver cette affirmation pleinement confirmée.

Une autre cause de transformation du rayonnement direct en rayonnement indirect est la même qui fait sortir des interstices atomiques développés en deux sens des rayons de deux dimensions et des interstices développés en trois sens des rayons tridimensionaux. Si deux interstices du même atome sont placés de telle sorte que les rayons correspondants doivent réagir ensemble, il y a forcément différenciation du rayonnement immédiat et formation de rayons secondaires. Et il arrive naturellement la même chose quand les rayons primaires appartiennent à deux atomes voisins. Il peut y avoir alors accumulation ou désaccumulation. La disposition des interstices et la conformation des intervalles entre les atomes solides peuvent alors causer la formation d'émanations odorifères, c'est-à-dire des émanations gazeuses et même des vapeurs. Tout cela devient explicable, sans que l'autorité de la loi sur la radio-activité en souffre. Tout au contraire, cette loi est la vraie base de toutes ces explications.

Il n'est donc point difficile de réfuter les objections qu'on m'a souvent faites par rapport à elle, mais il est impossible, dans un petit ouvrage comme celui-ci, de traiter ces questions à fond. Tout ce que nous pouvons faire ici, c'est de préciser les grandes généralités et d'indiquer comment il faut s'en servir pour expliquer les cas spéciaux. Aller trop loin dans les détails serait abuser de la patience du lecteur, et cela d'autant plus que nous avons encore à concentrer notre attention sur une nouvelle spécification du système universel du monde, prémisse nécessaire pour un nouveau pas en avant dans l'entendement et dans la spécialisation de la loi sur la radio-activité.

Octaves d'éléments physiques et chimiques et leur rapport avec la loi de la radio-activité.

Nous avons constaté plus haut que la troisième catégorie d'éléments mondiaux se compose de trois éléments spirituels et de trois éléments corporels, dont l'ensemble correspond aux cinq sens et que l'on peut donc considérer, en faisant abstraction de leur appartenance à deux différents éléments d'un ordre supérieur ou de leur dépendance de ceux-ci, comme cinq éléments. Et comme ces cinq éléments se développent de deux différentes manières, c'est-à-dire qu'ils se manifestent comme deux genres, un genre masculin ou éléctro-positif et un genre féminin ou électro-négatif, nous y pouvons compter, par conséquent, deux fois cinq éléments : cinq de genre masculin et cinq de genre féminin. Mais en tenant compte du fait que les deux éléments polaires sont au commencement et à la fin de l'évolution élémentaire, et qu'en conséquence le masculin et le féminin y tombent pour ainsi dire ensemble, c'est-à-dire que leur différence y disparaît, comme c'est le cas avec les enfants et les vieillards, nous pouvons aussi considérer la troisième catégorie élémentaire comme composée de huit éléments.

C'est ce qui apparaît le plus clairement si on exprime ces rapports par une formule qui est l'expression même de toutes les oppositions et, pour cette raison, pas moins celle de la raison elle-même, puisque la raison ne fait pas autre chose que de distinguer et de comparer les différents concepts, c'est-à-dire les mettre en opposition les uns avec les autres. Ce principe de l'opposition est donc le plus simple et, par conséquent, aussi le plus scientifique, et c'est précisément pourquoi il joue le rôle prépondérant dans tous les systèmes scientifiques. Le très distingué philosophe Gabriel Tarde, de l'Académie française, mort il y a quelques années, a tâché de s'en servir comme base pour un nouveau système philosophique qu'il a exposé dans un beau volume de 450 pages publié chez Alcan en 1897, et intitulé : *L'Opposition universelle*. On y apprend que le plus grand systématicien de l'antiquité, Aristote, s'était aussi déjà servi du même principe pour la systématisation et qu'il avait même écrit une *Théorie des contraires* ou le *Choix des contraires*, mais que ce traité, auquel il faisait de fréquentes allusions dans sa *Métaphysique* et ses autres ouvrages, avait été perdu. Mais ni Aristote ni Gabriel Tarde n'ont pénétré le problème assez profondément pour trouver sa vraie formule. Par contre, nous la trouvons comme le symbole le plus sacré de toutes les anciennes religions, c'est-à-dire comme le vrai symbole de la haute sagesse de l'ancienne initiation. C'est la roue de la loi que l'on trouve encore aujourd'hui au frontispice de tous les grands temples du bouddhisme au Tibet et en Chine.

C'est cette formule représentant l'expression idéale de

toutes les évolutions complètes, ainsi que celle de tous les rapports entre leurs différentes parties, qui s'est révélée à moi à l'occasion d'une comparaison attentive des relations entre les différentes couleurs du spectre, d'une part, et, d'autre part, des rélations entre les éléments chimiques formant la première octave du système périodique de ces éléments, comparaison que j'avais faite avec l'intention de découvrir les relations fondamentales entre ces deux sortes de phénomènes. Les couleurs et les corps n'étaient alors que de pures connaissances expérimentales et encore parfaitement inconnues au point de vue de la raison, puisque celle-ci était encore réputée parfaitement incapable de reconnaître la Réalité des choses, c'est-à-dire leur Relation absolue et simple.

Cette comparaison m'a d'abord forcé de ranger les couleurs en cercle, parce que c'est le seul arrangement qui s'accorde réellement avec le fait des couleurs complémentaires. Or, cet arrangement veut qu'on ajoute aux six couleurs du spectre encore le blanc et le noir comme les deux couleurs neutres et polaires. L'égalité du nombre huit des individus d'une famille de couleurs avec le nombre des individus d'une famille d'éléments chimiques révéla ainsi la première grande relation entre ces deux choses si disparates, et de là il n'y avait qu'un pas à l'application de la même disposition aux éléments chimiques. La conséquence immédiate fut la découverte de l'existence d'éléments chimiques complémentaires, et cette importante découverte fut aussitôt suivie d'une découverte encore bien plus importante, c'est-à-dire de celle des rapports numériques entre les poids atomiques de la première octave, qui révélèrent le système de la synthèse et de l'analyse des éléments chimiques. Ces découvertes corroborèrent définitivement la nécessité et l'utilité de la formule universelle. Elles exigèrent son application aux sons et amenèrent finalement, en incitant constamment à une réflexion assidue, aux grandes découvertes philosophiques de l'Unité absolue et de la manière la plus simple pour la déterminer. Ce moyen, c'est l'opposition absolue, dont le cercle et la sphère sont justement les types parfaits.

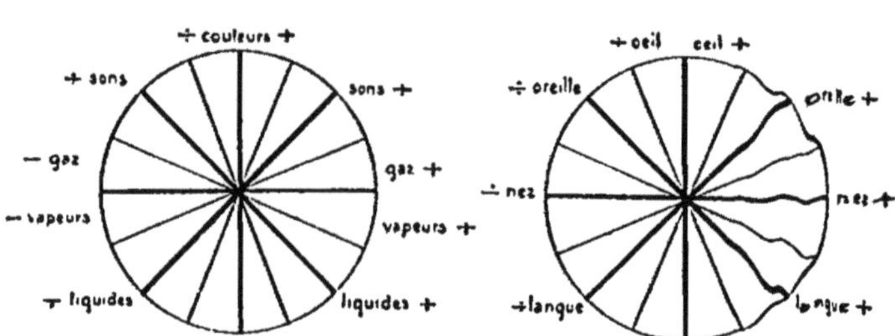

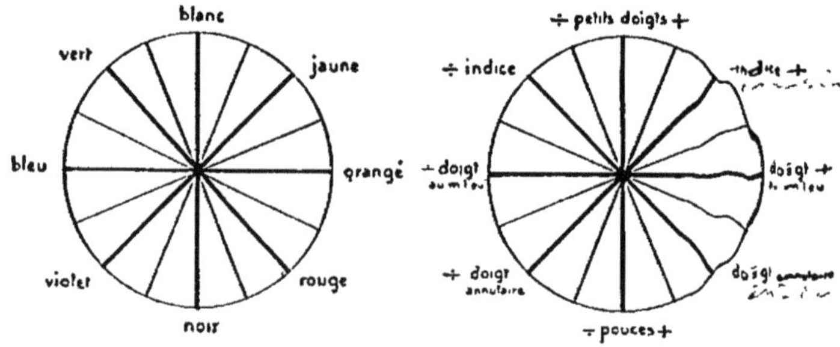

Fig. 2.

Si l'on considère l'application de la formule aux états d'agrégation, on observe que le diamètre horizontal qui sépare les gaz des vapeurs y représente les points dits critiques des gaz. Le diamètre vertical y marque au contraire la limite critique entre les genres ou les sexes, c'est-à-dire la ligne de symétrie parfaite ou de l'hermaphroditisme parfait. Il représente l'axe polaire qui est la ligne la plus importante de la sphère de comparaison et aussi son méridien zéro, tandis que la ligne horizontale en est l'équateur.

La croix qui résulte de la division secondaire de la formule universelle, marque les points critiques de l'état spirituel et de l'état corporel, points qui ont de même une grande importance pour la détermination de la conformation de l'Invisible.

Comme cette croix résulte de la seconde division, c'est au fond elle qui marque la seconde catégorie des états d'agrégation. Dans ce cas cette catégorie ne renfermerait que quatre éléments au lieu de six ou cinq et celle que nous avions désignée auparavant comme étant la seconde, c'est-à-dire la catégorie des états d'agrégation proprement dits, tomberait au troisième rang et ne serait alors plus le résultat d'une trivision de la première division, mais celui de la troisième division.

Cette manière de déterminer la valeur catégorique des éléments est évidemment la plus uniforme et la plus juste, mais l'autre a l'avantage de se rattacher mieux à l'expérience, mais l'expérience est toujours inférieure à la raison. Elle ne distingue bien que les petites différences, c'est-à-dire les spécialités tandis que la raison est le vrai juge des généralités. Quoiqu'il en soit nous arrivons des deux manières au même résultat et ce n'est que ce résultat qui nous intéresse ici, parce qu'il s'agit moins de tous les détails de la systématisation que d'une explication aussi complète que possible de la radio-activité.

C'est pourquoi j'ai aussi renoncé à déterminer ici la

valeur catégorique des éléments physiques comme les couleurs, les sons et les éléments chimiques, lesquels ne se déduisent point directement des états d'agrégation, mais seulement par l'intermédiaire d'une suite d'autres unités encore plus générales, comme le sont en sens inverse les octaves auxquelles elles appartiennent et ensuite les paires d'octaves, composées toujours d'une octave paramagnétique et d'une octave diamagnétique et ensuite les différents groupes de ces paires d'octaves, possédant aussi des caractères spéciaux et déterminables. De tout cela nous faisons ici abstraction en allant tout droit des états d'agrégation aux éléments spéciaux de l'expérience, c'est-à-dire aux couleurs, aux sons et aux éléments chimiques.

Dans le cercle des couleurs nous avons en haut les couleurs claires et en bas les couleurs obscures, division qui correspond à celle de l'état spirituel et de l'état corporel du pêle-mêle général du tout. Et chacune de ces deux parties contient trois couleurs féminines et trois couleurs masculines, ou en comptant les deux du milieu comme une seule, cinq. La partie claire, c'est-à-dire les couleurs faibles en masse et fortes en vitesse, renferme le bleu clair ou le bleu verdâtre, le vert, le blanc (composé du blanc verdâtre et du blanc jaunâtre), le jaune et l'orangé clair ou l'orangé jaunâtre; la partie obscure se compose du bleu foncé ou bleu violet, du violet, du noir, composé du noir violet et du noir rouge, du rouge et de l'orangé foncé ou rougeâtre.

De même le genre féminin et le genre masculin des couleurs sont composés chaque fois de six, relativement de cinq couleurs. D'un côté nous comptons le blanc (verdâtre), le vert, le bleu, le violet et le noir (violet) et de l'autre le blanc (jaunâtre), le jaune, l'orangé, le rouge et le noir (rougeâtre).

Nous pouvons aussi dire, que chaque moitié est composée de huit grandes nuances de couleurs, chacune d'elle est complémentaire de celle placée vis-à-vis d'elle.

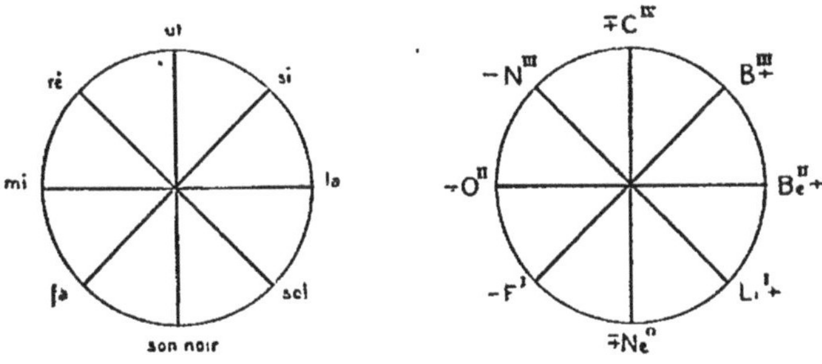

Fig. 3.

Chaque octave sonore représente de même une sphère ou un cercle comme chaque octave chimique. Là le résultat du mélange des sons complémentaires s'appelle une quinte. Ces quintes correspondent aux différents gris résultant du mélange des couleurs complémentaires. Dans les octaves chimiques ce rapport entre les éléments opposés se manifeste pareillement par le fait, que la somme de leurs valences est partout la même, c'est-à-dire quatre. D'autre part l'existence du rapport de l'opposition s'y trahit encore par le maximum de l'affinité entre les éléments, tout en confirmant la vérité du proverbe que les contraires s'attirent. Et si nous combinons les poids atomiques de ces éléments de la même façon simple que les sons, en observant cependant la loi expérimentale des valences, nous obtenons le résultat remarquable que les résultats de ces combinaisons théoriques sont tout à fait en concordance avec les résultats de l'analyse chimique, comme il ressort du tableau suivant :

Li = 7,03	Be. = 9,01	B = 11,0
N = 14,01	O = 16,000	F = 19,0
H_2 = 2,016	H_2 = 2,016	H_2 = 2,016
23,056	27,116	32,016
Na = 23,05	Al = 27,1	S = 32,06
N = 14,01	N = 14,01	N = 14,01
Be = 9,1	O = 16,000	F = 19,0
H = 1,008	H = 1,008	H_2 = 2,016
24,118	31,018	35,026
Mg = 24,10	P = 31,0	Cl = 35,45

Ces calculs semblent dire que le sodium, l'aluminium, le soufre et le magnésium représentent pour ainsi dire des quintes de l'octave du carbone, le phosphore une seconde et le chlore une tierce, mais quoiqu'il en soit, ce qui nous importe ici avant tout, c'est de constater que nous pouvons appliquer la formule universelle à toutes les collectivités avec le plus grand avantage. Partout elle nous révèle des faits qui nous avaient échappés auparavant et que nous reconnaissons pourtant ensuite comme simples et nécessaires. La formule universelle est donc une révélatrice scientifique par excellence, à laquelle nous pouvons nous fier en toute sécurité. Plus nous la consultons plus elle nous éclaire, mais il faut s'en servir avec tact et ne jamais confondre les différents degrés de spécialisation auxquels on a à faire, car l'opposition d'un élément d'une octave et de son vrai complément est tout autre chose que celle de cet élément et d'un homologue de son complément.

Ainsi appliquée au système périodique des éléments chimiques, la formule universelle nous révèle beaucoup de choses intéressantes. Non seulement elle nous permet de fixer la quantité totale de ces éléments, une chose à laquelle personne n'avait seulement osé penser, mais elle nous permettra aussi de calculer à priori toutes les constantes de ces éléments d'une façon beaucoup plus sûre, qu'il ne l'a jamais été possible à la science agnostique, c'est qu'elle repose sur la Vérité absolue, ce qui lui donne le caractère d'une certitude, tandis que la science agnostique est forcée de se fier entièrement aux apparences de l'Invisible.

D'après la formule le nombre des éléments chimiques est exactement 160. Nous en connaissons donc à l'époque actuelle à peu près la moitié.

Ici, nous intéresse surtout ce que la formule nous révèle sur la radio-activité des éléments qui composent la dernière octave chimique. L'élément correspondant au néon y serait le lucium et autour de ce prince luciférant par excellence, seraient groupés des princes et des princesses luisant avec toutes les couleurs de l'arc-en-ciel. Les éléments électro-négatifs correspondant au fluor, à l'oxygène et à l'azote rayonneraient en jaune, en orangé et en rouge au maximum de leur intensité et les éléments électro-positifs, correspondant au lithium, beryllium, bore, rayonneraient dans le plus pur vert, bleu et violet. Seul l'élément correspondant au carbone serait plongé dans l'obscurité la plus complète, il serait parfaitement noir.

Il est impossible de nier qu'une telle constatation ait une grande valeur scientifique. Or elle est due entièrement à la notion exacte de la Vérité et à celle de la loi de la radio-activité basée sur elle. Jamais elle aurait été possible à l'agnosticisme et à l'induction pure. Aussi le système périodique de Mendelejeff ne sait rien de ces éléments. Mendelejeff, ainsi que Lothar Meyer, n'était capable que de ranger en ordre les éléments dont l'existence avait été prouvée par l'expérience, en utilisant tous les faits connus s'y rapportant, et de constater les lacunes qui s'y trouvaient et trahissaient l'existence d'éléments non encore découverts. Mais ces deux grands érudits étaient incapables de fixer le nombre et les qualités de tous les éléments et d'y reconnaître l'existence du même rapport qui existe entre les couleurs complémentaires. Tous les deux étaient encore sous l'influence de ce dogme néfaste qui veut que l'homme ne connaisse jamais la Vérité, et ignoraient encore l'importance fondamentale du principe de l'opposition, et par conséquent de sa formule, qui seule est capable de nous révéler toutes les relations cachées dans la grande relativité collective, nommée le monde.

Si Mendelejeff n'avait pas été agnosticiste, il aurait probablement prévu l'existence d'éléments caractérisés par des rayonnements purs et mixtes, comme il a prévu l'existence du gallium, du germanium et d'autres éléments, et la découverte du radium n'aurait point causé une telle stupéfaction parmi les chimistes et surtout parmi les physiciens, comme ce fut le cas. La belle découverte de Madame Curie aurait certainement été accueillie par des applaudissements un peu moins vifs du monde scientifique. On l'aurait alors applaudie comme on applaudit chaque découverte expérimentale d'un nouvel élément, mais non pas comme un événement, d'où il fallait dater un nouvel âge d'or pour la science. Au point de vue scientifique, c'est-à-dire théorique, cette découverte nous a apporté rien que le mot radio-activité, dont la science aurait pu se passer d'autant mieux, qu'on lui a donné tout de suite un sens, qui est en contradiction absolue avec la vérité des faits. Or, le progrès de la science dépend plutôt de ce qu'on en élimine les contre-sens qui s'y trouvent encore, et non pas de ce qu'on y met encore plus de confusion. Car la tâche de la science n'est pas de nous mystifier, comme l'a fait jusqu'alors le mot de radio-activité, qu'on a uniquement créé pour avoir un nom pour quelque chose, que l'on n'avait pas encore compris. Si donc Mendelejeff avait su que tous les corps rayonnent, l'invention du terme scientifique de radio-activité n'aurait pas été nécessaire et il n'aurait pas été nécessaire non plus de lui chercher un sens par un congrès international.

Le système périodique des éléments chimiques, mis en rapport avec la formule universelle, prédit encore plus de soixante-dix éléments du caractère du radium. Seulement il est à prévoir que nous n'en trouverons qu'une très petite partie. Combien la terre en contient encore est naturellement impossible à dire. Tout ce que l'on peut savoir, c'est que tous s'y trouveront à une très grande profondeur. Plus on s'approche du centre de la terre, plus la condensation de la masse doit augmenter. Les éléments les plus radio-actifs doivent donc être là, où nous ne pourrons jamais aller les chercher. Et c'est ce qui est chose heureuse, puisque leur manipulation comporterait beaucoup trop de dangers.

Mais l'impossibilité de leur isolement laisse la vraie science tout à fait indifférente. Elle ne voit les choses qu'avec l'œil intérieur de la raison. Bien au-dessus de la science agnostique, elle n'a que du mépris pour sa fureur de courir d'expérience à expérience, sans jamais prendre haleine pour réfléchir. A quoi aussi lui servirait-il de fixer les yeux sur toutes les choses tangibles, quand leur véritable essence est éternellement invisible.

Théorie de Kant-Laplace et la radio-activité du soleil.

La science gnostique est basée sur la notion de la Vérité absolue reconnue par la raison. La science agnostique repose sur l'erreur d'une dualité imaginaire de la matière et de la force. Par conséquent, toutes ses explications sont fausses. Toutes les théories qu'elle nous a présentées sont autant d'erreurs. La fameuse théorie de Kant-Laplace n'en fait pas d'exception. Tout au contraire, elle nous fournit un excellent exemple pour démontrer l'insuffisance scientifique de notre science actuelle.

Kant et Laplace commencent leur cosmogénie avec l'état corporel. Le monde, selon eux, est le produit de la condensation de nébuleuses, mais comme ils n'ont aucune idée de ce que sont ces nébuleuses, et comment il faut se figurer leur condensation, leurs explications sont encore elles-mêmes fort nébuleuses. Ils croient tous deux qu'il suffit de savoir que la vapeur est la première chose visible et tangible pour la choisir comme la base de leurs systèmes cosmogéniques, et ne tiennent nul compte du fait que la visibilité et la tangibilité ont une tout autre signification au point de vue de la raison qu'au point de vue de l'expérience des sens.

La science gnostique, par contre, reconnaît dans la lumière absolue l'unique motif matériel du monde, après l'avoir déterminée et définie exactement comme sa présupposition nécessaire. Par conséquent, toutes ses explications sont dès le commencement claires et lumineuses. Elle sait que, bien avant l'apparition d'une nébuleuse dans une certaine partie du ciel, il doit y avoir d'abord nécessairement une convergence de simples rayons de lumière, visible pour personne, et que cette convergence doit nécessairement passer par tous les degrés de la sphère des phénomènes lumineux, c'est-à-dire qu'elle doit traverser toutes les gammes des couleurs avant d'arriver à la formation d'une sphère sonore, parfaitement imperceptible comme l'autre, et que la nébuleuse peut seulement apparaître après que la condensation a parcouru de la même façon toutes les gammes sonores et encore toutes celles de la sphère gazeuse, qui succède à celle des sons. Alors seulement, quand aussi cette troisième sphère invisible est parfaite, et que l'équateur est atteint, qui sépare la sphère des états invisibles de celle des états visibles, la cosmogénie, c'est-à-dire la formation d'une étoile, continue à peu près de la même façon que Kant et Laplace l'ont décrite.

Leur cosmogénie est par conséquent imparfaite sous tous les rapports, autant au point de vue de la détermination de la forme des phases à parcourir qu'à celui de leur nombre, c'est-à-dire de la distance à parcourir, autant aussi au point de vue du paraître qu'à celui du disparaître. Car évidemment la dissolution d'une étoile ne s'arrête pas aux points critiques qui séparent les différentes nébuleuses des états gazeux correspondants, mais elle continue jusqu'à ce qu'elle soit dissoute en de purs rayons de lumière, disparaissant de tous les côtés dans l'immensité de l'espace et contribuant ainsi à la formation de nouveaux astres de l'autre côté de la voie lactée.

Une telle cosmogénie perfectionnée nous apprend en même temps que chaque étoile solide est nécessairement d'abord couverte d'une sphère liquide, partagée le plus souvent par des influences secondaires en plusieurs parties, et que cette mer est de son côté enveloppée successivement par une sphère de vapeur et de gaz formant son atmosphère proprement dite, et ensuite par une sphère sonore que personne ne peut entendre parce que ses sons se transforment vers la surface de la sphère liquide par condensation en gaz et en vapeurs, et vers le néant par dissolution en lumières. C'est là la véritable harmonie des sphères, uniquement perceptible par le bon sens et imperceptible pour la sensation extérieure. Aussi peu pouvons nous voir la lumière de la planète sur laquelle nous vivons, aussi peu est-il possible d'entendre la vraie musique de ses sphères sonores.

Cette conséquence logique de la connaissance de la vérité absolue modifie singulièrement les théories actuelles de la science expérimentale par rapport au centre radioactif de notre système planétaire. On s'imagine généralement que le soleil est une sphère incandescente. possédant une température de 6000° à 7000°. Les déterminations expérimentales nous donnent d'année en année des températures plus basses, non que le soleil se refroidisse si vite, mais parce que les méthodes pour mesurer et calculer sa température varient avec une rapidité très remarquable et qui nous donne une idée exacte de la solidité de cette science. En tout cas, la température du soleil est encore toujours considérée comme si élevée que la pensée que le soleil pouvait être habité par des êtres comme nous semblerait parfaitement absurde. Personne n'aurait jamais osé y penser. On a tout au plus réfléchi sur les causes de cette grande chaleur.

Mme Curie croit l'avoir trouvé dans la grande teneur du soleil en radium. Elle a calculé que le soleil renferme par mètre cube 3,6 gr. de cet élément précieux: C'est pourquoi beaucoup de personnes se sont déjà cassé la tête à se demander comment on pourrait se le procurer. Mais, abstraction faite de toutes les difficultés que présenterait une exploitation des trésors de radium au soleil, je déconseillerais de toute expédition pour la simple raison que je n'attribue la chaleur du soleil point au radium, et que je crois aussi fort peu qu'on se brûlerait les doigts si l'on pouvait le toucher. Je prétends au contraire que le soleil doit être couvert aux pôles par d'immenses glaciers, comme il y en a sur la terre et comme on voit sur la planète Mars, et qu'il y a aussi des mers, des lacs et des fleuves ainsi que des continents froids autour des pôles, chauds sur l'équateur et modérés entre ces deux zones, et que ses mers, ses lacs et ses fleuves renferment des poissons et des amphibies et que les terres y sont couvertes d'une riche flore et peuplées par une faune encore plus nombreuse en espèces que celle de notre planète. Peut-être y a-t-il même des hommes et des universités. Et pourquoi pas?

Est-ce que l'on ne peut pas expliquer la grande quantité de chaleur qui nous arrive du soleil d'une façon tout à fait simple, en la ramenant directement à l'énormité de son volume et à son voisinage relativement grand de la terre. Ces deux causes réunies font que les parties de sa sphère sonore et de sa sphère lumineuse, dont l'étendue correspond au diamètre de la terre, sont pour ainsi dire plates, et ont par conséquent un rayonnement qui ne se disperse que très lentement, de sorte qu'il envoie aux planètes voisines une quantité relativement très grande de rayons parallèles. Et cette grande quantité de rayons de lumière pure et froide se transforme alors, dans les sphères des planètes, peu à peu en rayons ultra-violets et en rayons infra-rouges, c'est-à-dire en rayons chimiques et en rayons calorifiques, dont une certaine partie peut alors pénétrer à travers la sphère sonore et l'atmosphère sans être transformée en sons ou en gaz. Supposer que la chaleur nous arrive telle quelle du soleil, comme les agnosticistes le font, est d'ailleurs en contradiction directe avec le fait que la température diminue toujours davantage, plus qu'on s'éloigne de la surface de la terre dans la direction du soleil. Les ballons enregistreurs ont constaté ainsi des températures au-dessous de —80° cels., et tout le monde sait que, sur les montagnes, il fait moins chaud qu'en bas, dans les vallées. Il me semble donc bien superflu de vouloir attribuer la chaleur du soleil à une teneur extraordinaire en radium ou à une incandescence par chaleur. Ces deux explications sont également en contradiction avec la raison, et n'ont que cela de bon, qu'elles démontrent admirablement bien qu'il ne faut jamais prendre l'apparence d'une chose pour la réalité, surtout pas en science.

On pourrait multiplier les exemples des cas où la science qui ne veut pas que la Vérité soit compréhensible et qui se fie, pour cette raison, uniquement aux apparences, les confond avec la vérité. Mais cela nous mènerait beaucoup trop loin. Il est cependant utile de montrer encore quelques échantillons de cette confusion générale.

La science agnostique enseigne que la lune n'a pas de lumière propre. Le peu de lumière qu'elle a, quand elle est nouvelle, est expliquée comme étant la lumière de la terre réfléchie par la lune. Et la lumière qu'elle nous envoie, quand elle est pleine, est réputée être de la lumière du soleil, réfléchie. Voilà ce qui nous donne une idée tout à fait fausse, parce que tout le chapitre sur la réflexion de la lumière est basé sur des prémisses erronées, notamment sur le dogme de la dualité objective de la matière et de la force qui mène toujours à l'explication mécanique des phénomènes dits radio-actifs. Si on s'en débarrasse, on comprend tout de suite que si la lune était à une distance assez grande pour que son rayonnement puisse se dissoudre complètement et que si elle était assez grande pour qu'il puisse nous en arriver une quantité de lumière suffisamment grande pour pouvoir pénétrer partiellement à travers l'atmosphère terrestre, nous verrions la lune toujours pleine. Si ce n'est le cas que toutes les quatre semaines, la raison n'en est pas la réflexion de la lumière du soleil, mais la désagrégation ou la dissolution du rayonnement obscur de la lune par la masse des rayons de lumière venant du soleil. Le phénomène de la pleine lune a son analogie complète dans l'apparition des couleurs ordinaires des corps. La dissolution de la radio-activité propre de la lune par celle du soleil fait que sa transformation en rayons de lumière a lieu plus près de la lune, c'est-à-dire sur une circonférence beaucoup plus petite, et la conséquence nécessaire en est que la masse de Lumière absolue sortant de la lune n'est alors pas encore tellement dispersée et peut nous envoyer plus de lumière. La quantité des rayons lumineux dans la direction de la terre est alors suffisante pour pouvoir pénétrer notre atmosphère et pour éclairer nos nuits.

Une erreur semblable à celle de la réflexion de la lumière et qui est aussi généralement répandue est celle de la désintégration de la matière. On prétend que des particules matérielles sont projetées des corps — on se garde bien de dire pourquoi — dans toutes les directions et que ces projections matérielles proviennent d'une décomposition spontanée des corps radio-actifs. Et à l'appui de cette théorie, sir William Crookes a fait une expérience soit-disant scientifique. Il a construit le spintariscope que tout le monde connaît et par lequel les projectiles lumineux deviennent visibles. Mais il ne s'agit là en réalité pas le moins du monde de projectiles. Le soi-disant bombardement s'explique au point de vue gnostique simplement par des dissolutions locales de rayons obscurs en rayons lumineux, ayant elles-mêmes une propagation comparable à celle de tous les autres phénomènes spirituels, comme la couleur, le son, etc. Et c'est ainsi que l'apparence fait croire à des projectiles corporels incandescents.

Un autre exemple : La physique agnostique prétend que les sons sont des oscillations ou des ondes longitudinales de l'air et elle appuie cette conclusion sur le fait que, s'il n'y a pas d'air, il n'y a pas non plus de son. Or, cette raison n'est qu'une pure raison apparente. Car, en vérité, le son n'a pas davantage à faire avec l'air, qu'un poisson avec l'eau dans laquelle il nage, et la vraie raison pour laquelle le son ne traverse pas le vide, c'est qu'il ne peut ni y exister, ni s'y former et, s'il existait avant d'y arriver, qu'il s'y dissoudrait immédiatement en rayons de lumière obscure et ensuite en rayons de lumière claire. Le son ne peut pas se propager à travers le vide, faute d'une résistance suffisante, comme le poisson ne peut pas nager dans l'air, pour la même raison.

Un dernier exemple : L'astronomie agnostique explique les protubérances du soleil comme étant des éruptions formidables de cet astre, c'est-à-dire d'immenses catastrophes solaires, auprès desquelles les grandes éruptions du Vésuve, de l'Etna, du mont Pelé et du Cracatoa ne seraient que des jeux d'enfants.

J'envisage au contraire ces perturbations comme de simples cyclones, causés par des influences analogues à celles qui produisent les tempêtes sur notre planète.

Il faut les attribuer en premier lieu aux changements sidéraux qui, par leurs rayonnements, modifient l'atmosphère solaire de telle façon que celle-ci se trouve dissoute, raréfiée et dilatée jusqu'au moment où, atteignant les zones les plus éloignées du noyau solaire, elle se trouve emportée sous forme de tourbillons et, ne trouvant pas assez de résistance pour pouvoir se maintenir dans cet état, elle se transforme partiellement en lumière. De là résulte la visibilité des protubérances solaires. Ces phénomènes se produisant à des températures excessivement basses, ne nécessitent aucunement l'énorme calorique qu'on croit devoir leur attribuer.

Il est vrai qu'il y a toujours un peu de vérité dans les doctrines de la physique et aussi dans cette partie d'elle, qu'on appelle la radiologie. Mais il y a encore toujours autant d'erreurs. Et il s'agit de s'en débarrasser. Ainsi, si on nous parle des ions et des électrons comme de certitudes et qu'on affirme que les électrons sont les dernières particules du monde, cette affirmation est évidemment erronée, parce que la physique moderne distingue des électrons négatifs et positifs. Or, la chose fondamentale ne peut jamais être composée de différentes choses. sans quoi elle ne serait pas l'unité absolue d'espèce qu'elle doit être. Pour sortir de ces dilemmes, il ne reste donc pas autre chose à faire que d'abandonner carrément l'agnosticisme et d'accepter la vérité de la double vérité et celle de sa partpositive, la Lumière éternelle. C'est l'unique moyen d'avoir à l'avenir une science claire, universelle et simple.

L'agnosticisme n'est que de l'hérésie scientifique. Il nie Dieu ou, s'il ne le nie pas, il n'en veut au moins rien savoir. Mais la vraie science est fondée en Dieu, en ce Dieu-Esprit, qui est l'Unique, l'Eternel, l'Indivisible, l'Invisible, l'Intangible, le Tout-Puissant, le Saint-Esprit et la Lumière éternelle.

www.ingramcontent.com/pod-product-compliance
Ingram Content Group UK Ltd.
Pitfield, Milton Keynes, MK11 3LW, UK
UKHW022128190726
13855UKWH00003B/1069